内田悟のやさい塾
本日のまかないも最高なり！

蔬菜教室
今天的菜品也是最棒的

[日]内田悟 著　　蔡晓智 译

广东旅游出版社
GUANGDONG TRAVEL & TOURISM PRESS
中国·广州

前言

四年前，我通常在事务所附近的荞麦面店解决午餐，而现在基本上每天都自己做，这已经成了我的习惯。周围的人都说"内田视做菜如命"，可见我是多么热衷、多么喜欢这件事。

我的御厨事务所并没有让人满意的料理台，只有一个小小的水槽。每次做饭的时候都要在长桌上面摆上砧板和简易煤气炉。员工们在完成配送工作后回事务所吃午餐，所以我一般12点前开始准备，快的时候花费20分钟，有时也会花费一个多小时。可能很多人对家常菜的印象就是简单、经济，我的做法可能会让有这种想法的人觉得扫兴。

对于我们这些深夜2点就开始工作的人来说，午餐是一天中正式吃的第一顿饭。所以我觉得，比起简单快捷，更重要的是做起来开心、吃起来美味。我会列出当天想吃的菜品。根据当天的天气、身体状态和工作情况，自然而然就会想出要做什么菜品。御厨是一家蔬菜店，自然要使用时令蔬菜。无论从味道还是营养价值来说，时令蔬菜都是最好的食材，用时令蔬菜制作的菜品也是最棒的。

我之所以想把这些菜品的做法写成一本书，是因为同事绘里开始在博客上介绍御厨的菜品。本书按照春夏秋冬和月份介绍了很受员工欢迎的菜品，就像绘里在博客中所写的，感受时令蔬菜的魅力，学习处理蔬菜的窍门，摸索鱼类、肉类的搭配方法，这些都让人感到开心。

最后我还想说一句，前面提到过我制作的菜品都是自己喜欢的，但是，让我创造出这些菜品的却是御厨的伙伴们。"真是太好吃了"，正是因为他们的赞扬，我才能从做菜中感受到这样的快乐。

今后，无论是晴天还是雨雪天，我都会坚持做菜。我很希望能一直让大家这样开心。

今天的菜品也是最棒的！

2013 年 8 月

筑地御厨店长 蔬菜教室主办人 内田悟

目录

关于本书的一些说明：

（分量）……1 杯 =200ml、1 小匙 =5ml、1 大匙 =15ml、盐一撮 = □ 小匙，数量和时间请根据季节和蔬菜的个头调整。烹调过程中水分不够的话可以加水或高汤调整。

（高汤）……在水中加入1%的昆布或者2%的鲣鱼花。在锅中加入水和昆布放置30分钟以上。加热，在即将沸腾的时候关火，温度略微下降后加入鲣鱼花。鲣鱼花沉淀后过滤汤汁。

春季菜品

　　不知不觉间就到来了，春天就是这样的季节。某个乍暖还寒的 2 月深夜，我用冻僵的双手触摸着早早挖出的鹿儿岛产的竹笋，不由轻轻感叹春天真的就要来了呢。恰恰此时又收到了来自南方的油菜花，接着是芹菜、番茄和野菜，事务所一下子变得春意盎然。晴朗和暖，心旷神怡，四季之中唯有春季能给人这样的感觉。

　　春季是从晚冬到初夏之间的过渡时期，气温变化剧烈，因此会影响身体的状态。而春季的蔬菜正适合在这样的季节食用。刚刚发芽的蔬菜略带苦涩，不仅可以促进新陈代谢，还会让身体充满活力。

　　每种蔬菜上市的时间都很短暂。一有新鲜蔬菜上市，我便会用来做菜，以使大家的身体状态得到调整，不知不觉间为入夏做好了准备。这个时节我会用竹笋搭配米饭或炖菜，也会腌制土当归或炒牛蒡丝作为常备菜。在野菜上市的时期，我会将野菜煎过后做成蔬菜盖饭的浇头。只要有这样一道用刚刚发芽的蔬菜做成的菜品，餐桌瞬间就变得春意融融。并且，野菜还可以消除身体的倦怠感，因此颇受员工喜爱。

　　4 月，期待已久的芦笋上市。将芦笋焯水后清炒，无论用在意大利面还是汤品中都让人百吃不厌。其实，芦笋的口感和味道也会随着时间变化——初上市时口感柔嫩、味道清爽；4 月中旬过后则会变粗，外皮变硬，味道也更浓郁。因此，烹饪方法也要随之改变，大家品尝的时候便会发现味道有所不同。

　　除了蔬菜，还能够品尝到当季的鱼获，如青箭鱼、蛤蜊、正樱虾……与春季的蔬菜相得益彰，可以让我一展身手，做出让人大快朵颐的菜品。

　　不过，春天最奢侈的还要数时令番茄，果肉紧实、味道浓郁，吃上一口就会有回味无穷、沁人心脾的感觉，这种味道让家常菜更丰富多彩。番茄生食已经很美味，炖煮入味的番茄火锅更是令人垂涎欲滴。做意大利面、浓汤、拌菜，无一不妙。此外，它蕴含着丰富的能量，可以给因体力劳动而疲惫不堪的身体带来活力。春季的番茄不愧是上天赐给我们的恩物。

不知道是不是春天心情愉悦的关系，有时我会想做一些漂亮的菜品。

于是便有了这道西班牙海鲜饭。

这是一道具有代表性的西班牙料理，除了必备的盐和番红花之外，其他食材的味道决定了菜品的美味程度，因此非常适合用个性派齐聚的春季蔬菜来做。

蛤蜊也是春季的时鲜，用它提取高汤，将油菜花、竹笋和芦笋放入锅中炖煮，静静等待 20 分钟。

春天的香气扑鼻而来，可谓色香味俱佳。

让人不由惊喜得笑逐颜开。

用个性派的春季蔬菜
让菜品华丽变身

绿色沙拉、水芹清汤

春季蔬菜版西班牙海鲜饭

换上时令蔬菜，充分享受春季的菜品

海鲜饭 春季蔬菜版西班牙

材料（4~5人份）

竹笋（水煮）……1根
芦笋①……4根
油菜花（花蕾）……1束
蚕豆……10粒
蘑菇……5个
番茄……1个
洋葱（切末）……中等大小半个
水芹菜（切末）……5cm
大蒜（切末）……1½大匙
虾……4~5只

蛤蜊（吐净沙子）……1kg

蛤蜊高汤材料a
┌ 洋葱（切成弓形）……¼个
│ 胡萝卜（切成薄片）……2片
│ 白葡萄酒……150ml
└ 水……270ml
大米（不洗）……225g
番红花……一撮
橄榄油……5大匙

1. 准备——提取蛤蜊高汤

在锅中煮沸a，放入蛤蜊，开口后立即取出。高汤继续煮20分钟，撇去浮沫。

2. 准备——处理食材

切去竹笋下部较硬的部分，将笋尖切成6等份。油菜花花蕾煮硬，放在漏勺中晾凉。切开芦笋的尖部和茎部，茎部斜切，将尖部快速焯一下。剥出蚕豆，煮后去皮。蘑菇竖着切薄片。虾去除外壳和肠线。番茄切大块。

 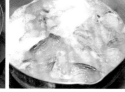

（上）蛤蜊开口（下）立即取出（左）煮时要撇去浮沫

3. 炒食材

在平底锅中烧热1大匙橄榄油，分别将竹笋和虾炒出香气。

4. 翻炒

在厚锅内放入4大匙橄榄油和大蒜，烧热后将洋葱、芹菜、蘑菇和芦笋茎放入翻炒。食材全部过油后，加入大米（不需要清洗），倒入2½杯蛤蜊高汤、番红花和番茄，盖上盖子，开中火炖煮约20分钟。

5. 完成

大米煮熟后，放入竹笋、芦笋尖、蛤蜊、虾、油菜花和蚕豆，盖上盖子继续加热1分钟左右即完成。

💡烹饪技巧

提取高汤时，蛤蜊不要煮得过老。

绿色沙拉

材料
叶菜（水芹、芝麻菜、茼蒿）……适量
喜欢的沙拉汁……适量

将叶菜洗净后沥干水分，撕开叶和茎，在大碗中拌好。装盘并浇上沙拉汁。

💡烹饪技巧

多种叶菜混合使用，香气更丰富，味道也更佳。混合比例可根据个人喜好。我此次的混合比例为1：1：1。

水芹清汤

材料（4~5人份）
水芹……1把
鸡汤……5杯
盐……1½小匙
胡椒粉……一撮

撕开水芹的叶和茎。煮沸鸡汤，放入盐、胡椒粉调味。在盘中放入水芹叶，浇入汤汁。

---

① 可将绿色、白色的芦笋搭配使用。

番茄泥炖鸡肉

用时令的春季番茄小火慢炖，非常美味，让人心情愉悦、充满力量

这道番茄泥可以在春季的时候多做一些，春季结束还可以用，非常方便。

春天是吃番茄的时节。

正是在这乍暖还寒、阳光逐渐和暖的春天，番茄才能茁壮地生长。春季的番茄味道是最好的。

我向大家推荐一道"番茄泥"。

这道菜泥的做法很简单，切开后炖煮、搅拌即可完成。

将番茄泥与新鲜番茄混合在一起，味道会更好，足以令人眼前一亮。

炖鸡肉就是番茄泥的一种用法。只有在这个时节，家常菜才会如此奢侈。

材料（2 人份）

番茄（中等大小）……2 个

番茄浓汤……1½ 杯

洋葱……¼ 个

鸡腿肉……150g×2 块

大蒜……1 瓣

红辣椒……1 个

红葡萄酒……80ml

盐、胡椒粉（腌制用）……各 2~3 撮

盐（调味用）……一撮

面粉……适量

橄榄油……3 大匙

法棍……适量

多撒一些胡椒粉

1. 准备

将鸡腿肉切开去筋，切上几道印，加入盐和胡椒粉，放置 30 分钟。洋葱切块，大蒜对半切开。红辣椒去籽。

2. 炖煮

在厚锅内倒入 2 大匙橄榄油，放入大蒜和红辣椒，鸡肉裹好面粉，带皮的一面朝下，开大火煎至焦黄，翻面，放入洋葱、红葡萄酒、番茄泥和盐。加水至刚刚没过食材（分量外），盖上盖子，煮沸。打开盖子，转小火炖。

3. 完成

炖煮 20 分钟后鸡肉变得软嫩，加入去蒂并切成弓形的番茄，30 秒钟后关火。最后将剩余的橄榄油均匀洒在上面。盛入碗中，加入法棍。

💡 烹饪技巧

1. 鸡肉用盐、胡椒粉腌制 30 分钟，可以进一步提鲜。

2. 在炖煮过程的前半段盖上盖子，煮开后打开盖子让水分蒸发，这样可以让汤汁更浓稠。仔细撇去浮沫。

3. 新鲜的番茄要在菜品快做好的时候放入，以增加酸味。

①始终用小火熬煮。

③过滤至只剩下番茄皮。

②大约 10 分钟可以煮烂。

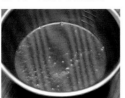

④大约 6~7 个番茄可以制作 1 杯的量。

用当季的番茄制作的番茄泥，非常适合用作调味汁、番茄酱和沙拉汁等。

番茄泥

材料（约 1 杯）

番茄……6~7 个

番茄去蒂，切成弓形，放入厚锅内用小火煮烂。仔细地撇去浮沫。过筛后再次熬煮，蒸发掉水分。

要点

制作过程中不要加水。在番茄未出水前需充分搅拌，防止焦煳。

菜花贝类意大利烩饭

菜花要长时间炖煮至酥烂，这样会与米饭完全融为一体。

过了旺季后，菜花口感会变得稍硬，但味道却十分浓郁。煮烂后与米饭一起烹调，再加入贝类，各种食材相得益彰，可以做出美味的意大利烩饭。

只需要一口锅即可轻松完成，并且十分美味，因此已经成为这一时期的必备菜品。

材料（4～5人份）

大米（不洗）……300g

菜花……⅓ 棵

洋葱……¼ 个

贝柱……6 个

芹菜（切碎）……1½ 大匙

大蒜（切碎）……3 大匙

奶酪（帕尔玛干酪）……适量

口蘑……4 个

意大利欧芹……少许

橄榄油……4 大匙

水……2 杯

白葡萄酒……1 杯

鸡汤……2 杯

盐、胡椒粉……各一撮

如果煮熟之前食材结块的话，可以加入适量水。

1. 准备

菜花去茎，切成小块。洋葱切碎。口蘑竖着切成薄片。贝柱切成5mm厚度的薄片。欧芹切碎。

2. 炒

在厚锅内放入橄榄油，加入大蒜并炒出香味，放入洋葱、芹菜和口蘑，翻炒后加入大米。煮至透明后加入菜花并翻炒。

3. 炖煮

加入水、白葡萄酒和鸡汤，用中火炖煮。注意不要盖上盖子，不要搅拌。炖煮至9成熟时加入贝柱。注意不要让贝柱煮过头，关火后加入盐和胡椒粉调味。

4. 装盘

盛入盘内，撒上奶酪碎和欧芹。

🔆 烹饪技巧

1. 大米无须清洗。烹饪时直接炖煮，大米会更有黏性。

2. 菜花切成小块更容易煮熟且能够散发出香味。

只有这个季节才能享受的食材

早春的山珍海味炖菜定食

鸭儿芹味噌汤和酱菜、米饭

做好这道菜的窍门就是竹笋的炖煮时间不要过长，这样可以保持爽脆、清香。

春季的竹笋和裙带菜是依靠自然力量生长的应季食材。两者都是在寒风中宣告春天到来的使者。

在炖菜当中加入清香的食材，会令人欢欣鼓舞，感受到春季的到来。

1. 准备

将鸡翅根在沸水中焯一下，去除异味。竹笋焯水，将根部与尖部分开，根部切成 5mm 的薄片，尖部竖切成 6 等份。裙带菜焯水，切成合适的大小。

2. 炖煮

在锅中放入汤汁和水，加入生姜和鸡翅根。煮沸后转小火，放入竹笋，盖上盖子继续炖煮。

3. 调味完成

鸡肉煮熟后，用酱油、味啉和酒调味，加入裙带菜后炖一小会儿，关火。

竹笋、裙带菜炖鸡翅根

材料（4 人份）

竹笋（小）……2 根
裙带菜……40g
生姜……1 片
鸡翅根……4 个
水……50ml
酱油……3 大匙
味啉 ①……1½ 大匙
酒……⅔ 大匙

🔦 烹饪技巧

1. 炖煮时汤汁容易浑浊，所以尽量不要翻动食材。

2. 为了不影响竹笋的鲜味，调味时需用味啉代替糖。

处理好竹笋的根部，会使菜品的口感更好。

鸭儿芹味噌汤

材料（4 人份）

鸭儿芹……½ 把
高汤……4 杯
味噌……4 大匙

将鸭儿芹的根部切掉，用手将叶子和茎部掰成小块。高汤煮开后放入味噌搅拌，加入鸭儿芹的茎和叶子，关火。

---

① 味啉又称米霖，是日本料理中常用的调料，以米为主要原料，加上米曲、糖、盐等发酵制成，是料理酒的一种。也有人称之为"甜日本酒""日式甜煮酒"，基本上就是调味米酒，略带甜味。——译者注

品尝春季三宝——马鲛鱼、油菜花、蛤蜊

酱糟马鲛鱼春季定食

油菜花菜饭、山葵柑橘汁油菜花、蛤蜊清汤

相比芥末拌菜，我更喜欢山葵与油菜花的搭配，口感柔和，味道浓郁，甚至可以品尝到甜味。

在日本，有一个瞬间会让你感受到山与海的完美邂逅。

请一定不要错过这个让家常菜也注入前所未有的力量的瞬间。

春天正是吃马鲛鱼、油菜花和蛤蜊的季节。这 3 种食材搭配在一起十分美味。

为了保持食材本身的鲜味，不需要过多的加工，这也是做好这道菜的窍门。

酱糟马鲛鱼

材料（2 人份）

马鲛鱼块……2 块
盐……适量
酱糟
- 酒粕……200g
- 味噌……100g
- 粗制糖……6 大匙
- 柚子皮（切碎）……2 块

1. 腌入酱糟

在马鲛鱼块上均匀撒上盐，放置 30 分钟。用厨房纸巾将水分吸干。将酱糟材料拌匀，涂抹在马鲛鱼块的两面。在容器内放入酱糟，将马鲛鱼腌制半天至一天。

2. 煎

去掉马鲛鱼表面的酱糟，从带皮的一面开始煎，注意不要煎煳。

柑橘汁油菜花 / 油菜花菜饭与山葵

材料（大米 300g）

油菜花……1 把
大米……300g
菜饭用调料 a
- 芝麻酱……2 大匙
- 高汤（或水）……1 大匙
- 酱油……½ 大匙

山葵柑橘汁调料 b
- 山葵泥……1 大匙
- 柑橘汁（以 1：1：1 的比例混合柑橘鲜榨汁、酱油、味淋的调料）……3 大匙

※ 加入 1 大匙古代米^① 会更有嚼劲，很适合做菜饭。

1. 准备油菜花

用手摘取油菜花的花蕾（菜饭用）、叶子和茎部（山葵柑橘汁油菜花用），分别用开水焯熟，放在漏勺上晾凉。将一半花蕾分成小块，茎部切成方便食用的大小。

2. 制作菜饭用调料

将调料 a 放在大碗中拌匀。在芝麻酱内慢慢加入少量高汤及酱油，使其乳化。

3. 制作菜饭

将白米和古代米混合。将分成小块的花蕾与 2 的 ¾ 量混合。在剩余的花蕾中加入 2 的剩余部分，放入盛放菜饭的碗内。

4. 制作山葵柑橘汁

将叶子和茎部放入碗内，食用前与调料 b 拌匀。山葵的量根据个人喜好添加。

蛤蜊清汤

材料（2 人份）

蛤蜊……4 个
高汤……½ 杯
水……⅔ 杯
酒……½ 大匙
盐……两撮

将蛤蜊壳洗净，放入 3% 的盐水中吐沙。在锅中加入高汤和水，煮沸后放入蛤蜊，开口后立即从锅中捞出。高汤用盐和酒调味。在碗中放入蛤蜊，将热汤浇在上面。

指尖用力掰开茎部。

花蕾、茎部和叶子分开使用。

💡 烹饪技巧

油菜花用菜刀切的话容易产生浮沫，要用手分开。分成 3 部分加热，受热会更均匀。焯熟后直接放在漏勺上冷却，切勿用凉水冲洗。

---

① 自古以来人们食用的有色米的总称，包括紫米、黑米等。——译者注

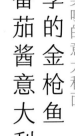

春季的金枪鱼和番茄酱意大利面

春天过后，再想吃这道意大利面就吃不到了哦。新鲜又浓郁，好好享受正当季的番茄吧。

任何番茄泥都比不上春季的秘制私房番茄泥。

在番茄泥中加入少许盐，就能做出让人惊叹的酱料。加入金枪鱼、新鲜番茄和绿色蔬菜，一道春意浓浓的佳肴就完成了。

材料（2人份）

番茄……1个	意大利面……160g
番茄泥（做法参照 P.5）……1½ 杯	橄榄油 a……1½ 大匙
洋葱……¼ 个	红葡萄酒……20ml
大蒜（切碎）……1片	盐……两撮
荷兰豆……10 个	胡椒粉……少许
紫苏叶……3 片	橄榄油 b……1 大匙
金枪鱼罐头……1 罐	

💡 **烹饪技巧**

加入新鲜番茄会让人感觉很有分量，而且有清爽、新鲜的感觉。

为了保持番茄的新鲜口感，请使用小火熬制。

1. 准备

将番茄切成 6 等份的弓形，去蒂。洋葱竖着切成薄片。荷兰豆去筋，焯熟后在漏勺上放凉。紫苏叶切成大块。金枪鱼放在漏勺上用热水冲去油脂。

2. 炒

在平底锅内放入橄榄油 a 和大蒜，用小火加热，炒出香味后加入洋葱翻炒。洋葱炒熟后放入番茄翻炒，加入 1 杯番茄泥，撒上一撮盐和胡椒粉，放入荷兰豆，加入红葡萄酒和金枪鱼一同炖煮。

3. 放入意大利面

意大利面煮好后加入 2 中。浇上橄榄油 b，用剩余的盐调味，最后加入 ½ 杯番茄泥，关火。

4. 装盘

盛入盘中，撒上紫苏叶。

5月

用春季的西生菜制作爽口炒饭！

咖喱西生菜炒饭
和中式汤品

春季的西生菜生机勃勃，撕成大块拌好，就是一道爽口的佳肴。

我经常用当天店里的食材制作炒饭，而春季的西生菜很方便入手。

西生菜与油十分相搭，加热炒制后依然新鲜。

撕成大块放入炒饭，口感清爽，感觉很有分量。

咖喱西生菜炒饭

材料（2 人份）

西生菜（外面的叶）……2 片	凉米饭……2 碗
大葱（葱白部分）……1 根	菜籽油 a……1 大匙
青豌豆……适量	芝麻油、菜籽油 b……各 1 大匙
大蒜（切碎）……½ 瓣	咖喱粉……⅔ 小匙
正樱虾……1 大匙	盐、胡椒粉……各两撮
鸡蛋……1 个	酱油……½ 大匙

1. 准备

将西生菜放入水中使其保持爽脆，沥干水分后撕成大块。大葱竖着对半切开，再横着切片。青豌豆稍煮一下后去皮。在碗中打入鸡蛋，与米饭拌匀。

2. 炒食材

在平底锅中放入 a 和大蒜，炒出香味后加入大葱和正樱虾继续翻炒。大葱焦香后加入 2 大匙水（分量外）提味，大火翻炒后盛入盘中。

3. 翻炒所有食材

在平底锅内放入 b 并加热，加入 1 的米饭，用大火翻炒。所有食材均匀沾上油且米饭粒粒分明后加入咖喱粉、2 和青豌豆。撒入盐和胡椒粉，从锅边淋入酱油，与所有食材充分混合后关火。

💡 烹饪技巧

让鸡蛋裹满凉米饭。

这样处理后不用饭铲即可使饭粒分离。

中式汤品

材料（2 人份）

大葱……¼ 根
阳荷（切丝）……1 个
叉烧卤汁（参照 P.18）……40ml
水……1½ 杯

在锅中放入水和叉烧卤汁，加热后倒入碗中，加入适量的大葱和阳荷。

5月正值初夏。
正当季的蛤蜊与绿色豆子搭配非常美味！

春季蔬菜满满的蛤蜊浓汤

蛤蜊一定要多放，不要吝啬——蛤蜊浓汤中蛤蜊是关键。

一年中总会执着于几道菜品，如果吃不到的话就会觉得那个季节没有好好过。

5月的蛤蜊浓汤便是其中之一。

虽然冬季蛤蜊也十分常见，但是对于我来说，5月正当季的蛤蜊才是最美味的。

千叶县三番濑的野生蛤蜊最为美味，肉质弹嫩、鲜味浓郁，煮熟后与应季的绿色豆子和芦笋一同炖煮，就是一道让人倾倒的佳肴。

材料（2~3人份）

蛤蜊（吐沙）……500g

食材 a（全部去皮，切成 5mm 大小的块）

┌ 胡萝卜……3cm
│ 洋葱……小的 ⅓ 个
└ 马铃薯……小的 ⅓ 个

蘑菇（切片）……2 个

绿芦笋……2 根

蚕豆、豌豆（焯后去皮）……各适量

荷兰豆（焯过）……适量

胡萝卜（切成一口大小的滚刀块）……¼ 根

橄榄油……1 大匙

高汤用

┌ 水……4 杯
│ 洋葱（切成弓形）……小的 ⅛ 个
│ 胡萝卜（3cm 的竖片）……1 片
│ 芹菜……3cm
└ 蒜……1 瓣

白葡萄酒……50ml

贝夏梅尔调味酱……2 杯

牛奶……150ml

盐、黑胡椒粉……各一撮

法棍……适量

1.准备

从芦笋尖部下面开始削皮，焯过后从中间切开。上半部竖着对半剖开，下半部斜着切成薄片。在平底锅内放入橄榄油并加热，放入食材 a 中的胡萝卜、洋葱进行翻炒。将马铃薯、切好的胡萝卜放入水中煮熟，用漏勺捞出。

2.提取高汤

在深锅内放入制作高汤用的水和蔬菜、40ml 白葡萄酒，煮沸后放入蛤蜊。蛤蜊开口后，分别将各种蔬菜捞出，留下一部分作为装饰。将蛤蜊从壳中取出，蘸上已经过滤好的高汤（煮好的高汤）。

3.做汤

在锅内放入贝夏梅尔调味酱，缓缓加入 2 的汤汁，小火化开。全部融化后，依次加入 a 中的胡萝卜、牛奶、蘑菇、芦笋（下部）和蛤蜊肉，煮时撇去浮沫，加入剩余的白葡萄酒。尝一下味道，当奶香味消失后，加入蚕豆、豌豆，用盐、黑胡椒粉调味后关火。

4.装盘

盛入汤碗，在荷兰豆与芦笋上装饰带壳的蛤蜊，配法棍食用。

烹饪技巧

1.芦笋要用剥皮器从尖部下侧开始去皮，方便食用。

2.蛤蜊肉蘸上煮好的汤汁后会保持膨起的状态，不会缩小。

面粉过筛后不易结块。

冷冻保存十分方便

贝夏梅尔调味酱的制作方法

材料（5杯）

面粉……100g

无盐黄油……70g

洋葱（片）……20g

牛奶……1L

白葡萄酒……50ml

月桂叶……1 片

在深锅中放入黄油并用小火加热至融化，放入洋葱翻炒至熟透。均匀撒入面粉，翻炒至面粉全部溶入，再一点点加入温牛奶搅拌，放入月桂叶。加入白葡萄酒，关火。

芦笋保留尖部，去掉有皮的部分。

脆炸微苦野菜大碗盖饭

脆炸素天妇罗盖饭和清汤
佐甜醋渍新姜阳荷

只有现在这个时节才能吃到这样的大碗野菜吧！大家都默不作声，闷头大口大口吃着。微苦和涩味正是 5 月的味道。

14

万物葱郁的时节，山间会生长出很多野菜。

但是各地能够享用野菜的时间最多只有1～2周，这段时间一定要倍加珍惜。

土当归配上楤芽、荚果蕨，有些微苦和涩味。

我尝试用油炸的方法激发野菜独特的香气。

作为浇头盛在米饭上，这是春天才能享受到的奢侈美食。

脆炸素天妇罗盖饭

材料（2人份）

土当归……5cm	面衣	调味汁
荚果蕨……2根	┌ 鸡蛋……1个	┌ 鲣鱼高汤……100ml
楤芽……2个	│ 冷水……500ml	│ 味淋……2大匙
莲藕（切片）……2片	└ 面粉……150g	│ 酱油、酒……各1大匙
香菇……2个	面粉（扑面）……适量	└ 盐……一撮
洋葱（切片）……小⅛个	玉米油……适量	米饭……2碗
胡萝卜（切丝）……1cm	芝麻油……少许	甜醋渍新姜阳荷（参照P.34）……适量
青豌豆（水煮）……少许		

1. 准备

用湿抹布擦去野菜上的泥垢，土当归竖着切成丝，荚果蕨切去茎根，楤芽去掉叶鞘。香菇去蒂后对半切开，用菜刀在菌盖上划上印。将泡过水的洋葱、胡萝卜、青豌豆放入碗中拌匀，用来制作炸什锦。

2. 制作调味汁

将制作调味汁的材料煮开后放凉。

3. 制作面衣

将鸡蛋打入碗中，加冷水搅拌，过筛。撒入面粉拌匀。

4. 炸制

在锅中放入玉米油和芝麻油并加热至170℃，将野菜蘸上扑面、裹上面衣进行炸制。用来制作炸什锦的食材蘸上扑面、裹满面衣最后炸制。

5. 装盘

在碗中盛入米饭，浇上调味汁，放入刚刚炸好的天妇罗，再次浇上调味汁。配上甜醋渍新姜阳荷。

💡 **烹饪技巧**

使用蛋液制作面衣不会结块，炸出的效果更好。

清汤

材料（2人份）

荷兰豆……2个
大葱……少许
鲣鱼高汤……2杯
酒……1大匙
盐……两撮
酱油……1滴

将荷兰豆放入沸水中焯5秒，放在滤器晾凉。

将荷兰豆去筋，过水焯烫，切成细条。在锅中煮沸高汤，放入酒、盐和酱油调味。高汤盛入碗中，撒上荷兰豆和大葱。

去掉楤芽坚硬的叶鞘。

将蛋液过筛，面衣的质地会更细腻。

方便实用、非常下饭的春季常备菜

干笋

◎ 冷藏可保存 1 周

正当季的手工干笋，其魅力在于新鲜的苦味和口感。

可以作为拉面和米饭的伴侣活跃于整个春天。

放入炒饭中也非常美味。

材料

竹笋（水煮）……中等大小 1 根（200g）

芝麻油……3 大匙

生姜片……1~2 片

红辣椒……1 根

调料

> 酒……50ml
> 酱油……40ml
> 味啉……50ml

粗制糖……2 小匙

1. 将竹笋切成薄片。

2. 在平底锅内放入芝麻油和姜片，炒热。放入竹笋和去籽红辣椒，翻炒至所有食材沾上油。加入调料，大火炖煮至软。煮干后加水（分量外）。

3. 再次煮干后加入粗制糖，并加入 ½ 杯水炖煮。

保持大火，加水炖煮。

要点

煮干后加水，继续炖煮至变软。

佃煮 ① 风正樱虾

◎ 冷藏可保存 1 周

提到春季的海鲜，就不得不说骏河湾的正樱虾。炸虾当然非常美味，用来制作佃煮也是一绝。配上热腾腾的米饭让人食指大动。让家常菜更上一个档次。

材料

正樱虾（油炸）……100g

混合调料

> 酱油……80ml
> 酒……100ml
> 味啉……50ml
> 粗制糖……50g

将混合调料煮开，蒸发掉酒精。调料冒泡后加入正樱虾，晃动锅使所有食材沾上调料。最后用大火收汁。

要点

开始要小火慢煮。煮的过程中会有些许浮沫，这也是味道的精华，因此不必撇去。加入花椒会更适合大人的口味。

---

① 在小鱼和贝类的肉、海藻等食材中加入酱油、调味酱、糖等一起炖煮的菜品。甜且辣，调味浓重，因此保存期长。这道料理发源于江户前水产的据点之一的佃岛（即现在的东京都中央区），因此得名。——译者注

春天当然要吃野菜了，我在做菜的时候经常会用到。但好像有很多人觉得野菜不容易做好而很少用，这让我感到很意外。我建议大家可以先从土当归开始尝试。

土当归有些味道，但做好去皮和撇去浮沫的工作的话，做起来还是很简单的。土当归从尖部到外皮都可以食用，是一种很经济的蔬菜，可以制成味噌汤，也可以做炒菜等醋腌菜，很多料理。有一道土当归料理的话，餐桌也会变得春意盎然。

◎炒土当归丝

带皮炒可以发挥出它的独特苦味。先用芝麻油翻炒，再用等量的酱油、味啉和少许盐调味。

◎甜醋腌土当归

去皮后切成薄片，用醋水泡一下后放入甜醋腌制。

※甜醋……参照 P.34

◎土当归味噌汤

不光使用茎部，尖部也一同放入。用醋水煮开后撇去浮沫，然后放入高汤内炖煮。不要炖得过烂以保留嚼劲，可以放入喜欢的味噌。

连同外皮一起炒，加水后调味的话，会更入味。

使用菜刀尖划切，不易产生浮沫。

切好后立即放入醋水（在400ml的水中加入1小匙醋）中，这样处理不会产生浮沫。

削皮时注意不要去筋。外皮也很美味，不要扔掉。

整个季节的常备菜，用它可以做出丰富多变的菜品

御厨事务所中总是备有我自己制作的叉烧。

只要有叉烧，就可以做出快手、美味、有分量的菜品。可以用在盖饭中，也可以放在拉面和沙拉里；卤汁可以用作汤品和炒菜的调料，用途很广。并且，卤汁加上调料还可以继续使用，会慢慢熟成，风味越来越好、越来越自然，这个过程让人非常享受。

美味至极的私房秘制叉烧

材料（1kg）

猪肉（肩里脊）……1kg

菜籽油……1大匙

卤汁
- 水……2½ 杯
- 酱油……3 杯
- 酒……1½ 杯
- 味啉……½ 杯
- 粗制糖……4 大匙
- 生姜……2 片
- 大蒜……2 片
- 大葱（绿色部分）……1 根
- 八角……1 小把（用指尖抓）

1. 准备

去掉肉筋和多余的脂肪，用细线捆扎成形。

2. 煎

在平底锅中放入菜籽油并加热，从有脂肪的一面开始煎，直至全部煎好。

3. 炖煮

卤汁材料一同放入深锅煮开，放凉后倒入猪肉。用有孔的铝箔纸盖住，大火煮沸，撇去浮沫，转小火炖煮30分钟，中途翻面。关火后放在锅中冷却，使其入味。

④用有孔的铝箔纸盖住，使热对流。

①去掉肉筋和多余的脂肪。

⑤取下铝箔纸，用大火收汁后关火。

②从有脂肪一面开始煎，直至全部煎好。

冷藏保存可以使卤汁更加入味。卤汁可用来制作新叉烧，也可作为炒饭和炒菜的调味汁使用，成为家庭的秘传调味汁，但是需要每隔3~4天加热一次。加热时不必煮开，煮至温热即可。将上面漂浮的油脂撇出后可用来炖菜。

③放入冷却的卤汁中。调整卤汁的量，使其刚好没过食材。

各种不同的叉烧用法

丰富每日的菜品

鸡胸肉叉烧

用同一款卤汁煮制鸡胸肉（时间为15分钟），即可制成味道清爽的鸡胸肉叉烧。切成薄片放入装有蘸汁的碗中。

叉烧沙拉

叉烧沙拉汁是将叉烧的卤汁与芝麻油、醋按照相同的比例混合，然后撒上大粒胡椒。

特制拉面

五花肉叉烧拉面，使用卤汁作为汤头调味。

夏季菜品

炎炎夏日，在蔬菜店工作一定要有充足的体力。早上天气还算凉爽，但是大家的工作是把蔬菜装进瓦楞纸箱后进行配送，非常繁重，很快就会汗流浃背。忙完回到店里已经接近 12 点了，饥肠辘辘。我有时也会嫌做饭麻烦，但还是会努力克服，为大家做出快捷、美味、营养三者兼备的料理。看到大家吃得心满意足，我也由衷地感到高兴。

夏季蔬菜的代表，就是出梅前后上市的青椒，还有上市时间紧随其后的黄瓜、茄子等。这些蔬菜都含有大量水分，是很好的食材，其中所含的钾等矿物质还可以调整身体中的水分含量，帮助我们度过溽热的夏季。

我几乎每天都要使用这些食材，但从来没有吃腻的时候。在做菜的时候不需要太多的花样，只要让蔬菜发挥出本身的味道即可。蔬菜的特点也会随着时间不断发生变化。例如黄瓜，在刚上市的时候水分充足，非常鲜嫩；旺季过去后黄瓜籽变大，味道也变得更甘甜。可以说简直是两种蔬菜。

在烹调的时候要灵活利用这样的变化，黄瓜刚上市的时候可以竖切后做成生拌沙拉，旺季过后则切成滚刀块用油炒。采用不同的刀工和加热方式，会让料理富于变化。

当然，说到滋补功效，夏季蔬菜也是最好的。有黏液丰富、有助于缓解疲劳的秋葵和长蒴黄麻，富含糖分的毛豆和玉米……还有香气浓郁的芳香蔬菜，比如紫苏和阳荷，可以作为香料使用，它们的香味会让人更有食欲。黄瓜腌菜中只要加入一点阳荷，就会变得更加诱人。做菜的时候多在这些细微之处下功夫，做出的菜品就可以刺激大家的食欲，让他们吃得心满意足，连连竖起大拇指！可以说这些"细微之处的功夫"正是决胜的关键。但是只有蔬菜的话并不足以对抗苦夏，无法补充消耗的体力，所以夏季也需要吃鱼和肉。做鱼和肉花费的时间比较长，如果每次都花工夫现做，在炎炎夏日中是很辛苦的，所以我会多做一些叉烧或者角煮① 备着，和不同的蔬菜一起搭配米饭或面条吃。怎样能够节省能源也是做菜的时候必须考虑的问题。

---

① 日本长崎的一种特色料理，是东坡肉在日本的变种。明代杭州与九州岛的海上贸易使东坡肉流传到日本和当时的琉球国，产生了现在的角煮。——译者注

夏季最棒的菜品当然要数咖喱了！

嘴上说着"辣！""热！"却仍然大快朵颐。可以说咖喱是让人在劳动后迅速恢复体力的法宝。

和咖喱最搭的当然是蔬菜了！

夏季蔬菜水分丰富，很适合油炸。切成大块素炸，和咖喱非常相配，很有分量。

而咖喱汤最好做成口味清爽的汤品，可以凸显夏季蔬菜的嚼劲和香味。

夏季蔬菜咖喱汤

使用多种夏季蔬菜素炸，又辣又鲜美！

换上时令蔬菜，充分享受夏季的菜品。

夏季蔬菜咖喱汤

材料（4 人份）

红辣椒……1 个	鸡翅根……4 个	汤
青椒……2 个	油（炸制用）、橄榄油……各适量	┌ 鸡高汤……汤 2½L
西葫芦……1 个		│ 洋葱……½ 个（100g）
茄子……2 个	咖喱	│ 胡萝卜……½ 个（100g）
秋葵……4 个	┌ 咖喱粉……5 大匙	└ 月桂叶……1 片
伏见辣椒①……4 个	│ 面粉……1 大匙	番茄酱……2 大匙
洋葱……½ 个	└ 鸡汤……150ml	盐、胡椒粉、醋 ……各少许
香菜……适量		香菜末、茴香（如果有就放）……各一撮

1. 做汤

在平底锅中加入 2 大匙橄榄油并加热，将鸡翅根稍煎一下。在深锅中放入制作汤的材料并加热，煮沸后转小火，放入鸡翅根，中间撇去浮沫，继续炖煮。

2. 准备蔬菜

红辣椒、青椒和茄子去蒂，竖切成 8 等份。西葫芦切条。这 4 种蔬菜都在有皮的一面划上印。伏见辣椒去蒂，在上面扎几个洞（参照 P.25）。秋葵削去蒂周围的部分并用盐揉搓，在上面扎几个洞，再快速焯一下（参照 P.26）。洋葱切成较大的弓形。

3. 制作咖喱糊，加入汤中

在平底锅中放入面粉，用小火炒，再加入咖喱粉继续炒至没有结块。慢慢加入 1，把咖喱糊慢慢溶解在汤里。加入番茄酱、盐、胡椒粉、醋、香菜和茴香调味。

4. 炸蔬菜

将炸蔬菜的油加热至 170℃，把除秋葵之外的蔬菜炸好。

5. 装盘

在盘中盛入鸡翅根、素炸蔬菜和秋葵，盛入汤。加入香菜。

用菜刀的刀刃划上印。

从有皮的一面开始炸，颜色会更鲜亮。

一点一点加入鸡高汤，避免形成结块。

搅拌至滑润浓稠。

🔆 烹饪技巧

1. 在蔬菜上划上印，更容易熟。

2. 咖喱糊要慢慢溶解在鸡高汤中，使其滑润浓稠。

① 特点是完全不辣，炒后有甜味，适用于各种京都料理。——译者注。

青椒肉丝盖饭

用刚上市的青椒制作青椒肉丝，果断选择了鸡肉

快速炒好趁热盛到白米饭上！来，开动吧！多吃点！

　　进入6月，经常会被端上餐桌的夏季蔬菜当属青椒了。当季青椒皮薄肉嫩，香气清新，搭配清淡的鸡肉非常完美，让人胃口大开。

材料（2人份）

鸡胸肉……150g

青椒……3个

竹笋（水煮）……50g

蒜、姜（切末）……各1大匙

鸡肉调味用

酒、盐、酱油……各少许

芝麻油……1大匙

混合调料

蚝油……½大匙

甜面酱……½小匙

叉烧卤汁（参照P.18）……50ml

水……3大匙

盐、胡椒粉……各少许

水淀粉……1～2大匙

1. 准备工作

　　鸡肉切细丝，进行基础调味。青椒竖切，去籽，切成和鸡丝长短一致的条。竹笋也切成同样大小。

2. 炒

　　将青椒、竹笋和鸡肉依次下锅翻炒，待所有食材沾上油后盛入平盘。

3. 调味

　　在2的平底锅内将混合调料煮开，将盛出的食材放入其中，翻炒均匀，加入水淀粉勾芡。

先把上下1cm部分切掉。

从正中剖开去籽。菜刀放平片着切。

🔥 烹饪技巧

刚上市的青椒如果纤维受到破坏会产生浮沫，要沿着纤维方向竖着切。

叉烧和辣椒，让你的疲惫一扫而空！

加上整根烤制的辣椒

和中式汤品

夏季蔬菜满满的叉烧饭

年轻人要再加一块叉烧！搭配甜醋腌黄瓜一起吃，让人胃口大开。

当感到体力不佳的时候，私房叉烧越来越频繁地端上餐桌，配上刺激食欲的辣椒一起吃。我很喜欢这样的搭配，再加上甜醋腌制的黄瓜，吃起来非常清爽。

叉烧饭

材料（2 人份）

叉烧（参照 P.18）……适量

黄瓜……1 根

万愿寺辣椒①……2 个

伏见辣椒……2 个

柿子椒……4 个

新姜（切丝）……适量

叉烧卤汁（参照 P.18）……2 ~ 3 大匙

芝麻油、色拉油 ……各 1 大匙

甜醋

- 醋……2 大匙
- 料酒……1½ 大匙
- 昆布高汤……1 小匙
- 粗制糖……2 大匙
- 盐 ……一撮
- 米饭……2 大碗

1. 准备

把整根黄瓜涂上盐（分量外），待析出水分后，放进漏勺，浇上热水。冷却后擦干，斜着切成薄片后再切丝。辣椒去蒂，用牙签在上面扎几个洞。叉烧切成厚片。把制作甜醋的材料一起放入锅里煮开，晾凉。

2. 煎

在平底锅中放入油加热，依次放入万愿寺辣椒、伏见辣椒和柿子椒，将两面煎至焦黄，用叉烧卤汁调味。

3. 完成

把黄瓜丝和新姜用甜醋调味。在大碗中盛上米饭，浇上叉烧卤汁，加上浇头。

💡 **烹饪技巧**

在辣椒上扎几个洞，防止裂开。

扎 4~5 个洞防止辣椒裂开。

中式汤品

材料（2 人份）

水……3 杯

叉烧卤汁……50ml

葱花……适量

在锅里放入水和叉烧卤汁煮开，盛入碗中，撒上葱花。

---

① 据说是日本大正末年到昭和初期由伏见辣椒和某个美国辣椒品种杂交之后栽培而来的品种。特点是保持了伏见辣椒的甜美，而且肉质柔软厚实、籽少。——译者注

乌冬面汤水丰富。高汤做好了，来，各位，味溜味溜吃起来吧！

夏季蔬菜酱汁拌乌冬凉面

富含黏液的蔬菜营养丰富，可以防止苦夏——超快手乌冬面

夏天在蔬菜店工作全靠体力，这时富含黏液的蔬菜就会大显身手。这道乌冬面中加入了秋葵，做法非常简单，是没有太多时间准备饭菜时的一张王牌，而且能够同时满足快速、美味、营养三方面的要求，是应对苦夏的最佳菜品。

材料（2人份）

秋葵 ……6 个
阳荷……2 个
紫苏叶（切块）……3 片
纳豆……（2 盒）
新姜（泥）……1½ 大匙
乌冬面（细面）……150g

调味酱汁
┌ 鲣鱼高汤……700ml
│ 酱油、味啉……各 100ml
│ 酒……1 大匙
└ 盐……一撮
盐（预处理用）……适量

1. 准备

秋葵削去蒂周围的一圈，抹上盐，搓掉细毛，用牙签扎几个洞。在沸水中焯一下，捞出来放在漏勺中晾凉后切成薄圆片。阳荷竖着切成 4 等份。

2. 制作酱汁

在小锅中放入所有制作酱汁的材料，煮沸并晾凉。

3. 完成

在大碗中放入纳豆和秋葵，和阳荷一起放入 2，拌匀。

4. 装盘

在碗中放入新姜泥，放入煮好过水的乌冬面，倒入 3。

把蒂周围的部分削去，会让蒂也变得很美味。

秋葵整个抹上盐，两手揉搓去掉细毛。

💡 烹饪技巧

1. 秋葵的味道由处理手法决定。

2. 酱汁冷却后混合食材。

炎炎夏日，比起鳗鱼盖饭，当然是茶泡饭更受欢迎。吃上一碗，营养满分。

鳗鱼茶泡饭和现腌小茄子

在家里吃的话这样做更美味：鳗鱼茶泡饭一定要有山葵，如果没有的话马上去买！

用鳗鱼做的茶泡饭味道很好，员工们完成配送工作后筋疲力尽地回到店里，只要吃上一碗，马上可以消除疲劳，精神百倍。

必须加入山葵。有没有它味道天差地别。

鳗鱼茶泡饭

材料（2 人份）

鳗鱼蒲烧[1]……2 串
鳗鱼调味汁……适量
山葵……适量

浇汁
┌ 高汤……3½ 杯
│ 酒……1 小匙
└ 盐……一撮

糖米糕[2]……适量
鸭儿芹……2 根
米饭……2 小碗

1. 准备

在平底锅中放入鳗鱼和调味汁，加入可以浸没一半食材的水（分量外）。

鳗鱼煮至松软，从签子上取下。鸭儿芹用手撕成合适的大小。

2. 完成

把浇汁煮开。在碗中盛入米饭，摆上糖米糕。鳗鱼切成方便食用的大小，摆上后倒入浇汁。放上磨成泥的山葵，加上鸭儿芹。

💡 **烹饪技巧**

鳗鱼和调味汁一起煮，可以恢复松软。

在萼下面切一下，只去掉萼的尖端部分。

现腌小茄子

材料（4 人份）

小茄子……6~8 个
盐……（基础调味用）适量

腌汁
┌ 高汤……150ml
│ 酱油……1½ 大匙
└ 味啉……1 大匙

小茄子处理好萼，竖着对半切开，撒上盐放一会儿，待出水后用纸巾擦干。这样处理可以避免出现浮沫。腌汁煮滚后冷却，把茄子的切面朝下腌 3 小时左右。

💡 **烹饪技巧**

茄子萼也很好吃，所以不要去掉。这样外观看起来也漂亮。

① 把鱼破开剔骨，涂上以酱油为主材料制成的甜辣汤汁烤制而成的料理。最具代表性的是鳗鱼蒲烧。——译者注
② 日本女儿节吃的小方块米花点心。——译者注

超辣又清爽，消暑最佳的夏季面条终极版！

夏季芝麻酱调味汁拌中华面条

嘴里说着好辣好辣，却吃得狼吞虎咽。盛夏的面条就数这款最好了！

御厨的终极版夏季面条不是冷面，也不是流行的蘸汁面，而是这款面。

用芝麻酱和豆瓣酱调味，放多少辣椒可以根据当天的天气和身体状况调整。水分充足的夏季蔬菜蘸满酱汁，在食欲不振的时候也能吃得津津有味。

材料（2人份）

生挂面……2把
鸡胸肉……1块

鸡胸肉调味用
┌ 水……适量
│ 酒……3大匙
└ 盐……1小匙
黄瓜……½根
阳荷……1个
红辣椒……¼个
生菜……适量
碎芝麻……适量

芝麻酱调味汁
┌ 白芝麻酱……1½大匙
│ 豆瓣酱……½大匙
│ 鸡高汤……2½杯
│ 芝麻油……½大匙
│ 蒜（蒜泥）……½大匙
│ 大葱（葱白部分）……⅓根
│ 酱油、味啉……各1大匙多
└ 盐……一撮

1. 准备工作❶

把鸡胸肉放入小锅，加水没过，加入酒、盐，用小火煮（注意不要煮沸，盖上铝箔，利用热对流煮）。整块鸡肉熟透后关火，浸在汤中冷却（可在冰箱中保存3～4天）。

2. 准备工作❷

黄瓜抹上盐，浇上热水，冷却后斜切成薄片再切丝。阳荷切成丝。红辣椒对半切开并去籽，切成丝，泡一下水。制作调味汁的大葱竖着切开，取出内芯，芯切大粒，外面的部分切丝。生菜用手撕成合适的大小。

3. 制作芝麻酱调味汁

用平底锅加热芝麻油，把蒜泥和豆瓣酱炒一下。加入白芝麻酱，一点一点加入鸡汤。加入酱油、味啉和盐调味。放入葱芯部分再煮一下。

4. 完成

煮挂面。在盘子中放入生菜和面条，撒上碎芝麻。摆上切成薄片的鸡胸肉、阳荷和红辣椒。在芝麻酱调味汁中放入葱丝，盛入碗中。

💡烹饪技巧

1. 鸡肉泡在煮肉的汤里冷却，不会变干。
2. 准备工作决定黄瓜的味道。抹好盐，浇上热水去除异味。

抹上足够的盐。

放在滤筛中，将热水浇在整根黄瓜上。

扇扇子，帮助食材散热降温。

各种圆溜溜的夏季蔬菜，决定味道的关键是玉米

夏季蔬菜糙米炒饭和细丝昆布清汤

在夏季，炒饭最好做得清淡爽口，于是我们在糙米中加入大量蔬菜，口感丰富。

炒饭中加入各种各样的夏季时蔬，简单一盘，营养满分。

姜和蒜激发出食材的味道，使玉米更鲜甜。

蔬菜都切成粒，吃起来更方便，这是窍门。

夏季蔬菜糙米炒饭

材料（2人份）

茄子……1个	蒜、姜（切碎）
西葫芦……½ 个	……各1大匙
青椒……1个	糙米饭……2碗
玉米……½ 根	芝麻油……1大匙
洋葱……¼ 个	酱油……½ 大匙
干虾……适量	盐……½ 小匙

1. 准备

　　茄子、青椒和西葫芦去蒂，切成1cm大小的粒。茄子泡水。洋葱切成1cm大小的粒。生玉米去皮，用菜刀切下玉米粒。干虾用水泡发。

2. 炒

　　平底锅中倒入芝麻油，加入姜、蒜，炒出香味后，依次加入洋葱、干虾、玉米、青椒、西葫芦和茄子等食材翻炒。所有食材均匀沾上油后，用酱油和盐调味。加入糙米饭一起翻炒均匀。

细丝昆布清汤

材料（2人份）

鲣鱼高汤……2杯

酱油……1½ 小匙

细丝昆布……两撮

在碗中放入酱油、细丝昆布，倒入热的鲣鱼高汤。

用刀削下玉米粒。

在外面几乎吃不到，最适合夏季的个性汉堡

夏季蔬菜汉堡

虽然汉堡里面只有蔬菜，但是味道却绝对不输牛肉汉堡。掌握好烤汉堡坯的火候，可以凸显出蔬菜的原汁原味。

有的夏季蔬菜拿来做汉堡绝对不逊色于肉，比如鳄梨和青茄子。

以这两种蔬菜为主角，再放上其他喜欢的蔬菜。

一层又一层的夏季蔬菜，酱汁浓稠、口感脆嫩，各种味道搭配得堪称完美，让人享受。

材料（2 人份）

鳄梨……½ 个

生菜、红叶生菜……各适量

青椒……1 个

洋葱……⅛ 个

青茄子……1 个

橄榄油 ……2 大匙

面粉（扑面）……适量

盐……适量

酱汁

┌ a 西式咸菜 + 蛋黄酱

│ b 芥末酱 + 番茄酱

└ 盐、胡椒粉（调味用）…… 适量

汉堡坯 4 个

2. 准备工作❷

在平底锅中加入 1 大匙橄榄油并烧热，将青椒和洋葱炒好后盛出。接下来将青茄子片拍上面粉，加入剩余的橄榄油，将两面煎至火候正好。

3. 制作酱汁

a 把西式咸菜切碎，加入蛋黄酱，用盐、胡椒粉调味。

b 将芥末酱和番茄酱以 2：3 的比例混合，用盐调味。

1. 准备工作❶

生菜和红叶生菜洗净，切成大片。鳄梨去核，去皮后竖着切成薄片。青椒和洋葱竖着切成薄片。青茄子切成厚度约 1cm 的圆片，切十字形印，撒上盐，待出水后擦干。

4. 夹在汉堡坯中

汉堡坯横着切开，稍微烤一下。将食材按自己喜欢的顺序夹入汉堡坯。

例如：酱汁 b →鳄梨薄片→ 生菜→酱汁 a →鳄梨薄片→红叶生菜→酱汁 b →炒青椒和洋葱→ 青茄子→ 生菜→ 酱汁 a

🕯 烹饪技巧

1. 炒的时候要注意火候，使青椒软烂，洋葱保留嚼劲，这样口感会更丰富。

2. 青茄子煎至焦黄，味道更加鲜甜。

青茄子撒上盐腌出水分，可以避免产生浮沫。

味噌酱汁茄子
和面筋清汤 ⊖

炸茄子非常美味。蘸上味噌酱汁，味道更上一层楼。

茄子用油和味噌来烹饪是最棒的！虽是素炸却很弹牙，味道绝对不比肉逊色，让人赞不绝口！

夏季的餐桌上，茄子经常登场。没有食欲的时候，就要做成味噌口味了。炸得恰到好处的茄子，蘸满味噌酱汁，咸中带甜，鲜香浓郁，非常下饭。

味噌酱汁茄子

材料（2人份）

茄子……3个
油（炸茄子）……适量

味噌酱汁
- 芝麻油……1大匙
- 味噌……2½大匙
- 味啉……4大匙
- 酒……1大匙
- 高汤……¼杯
- 姜（剁成泥）1小匙
- 青辣椒……1个

面筋清汤

材料（2人份）

高汤……2杯
盐……一撮
手工面筋……适量
大葱（切碎）……适量
高汤煮开，用盐调味，放入手工面筋，撒上葱花。

茄子从有皮的一面开始炸，中间翻个。

1. 准备工作

茄子去蒂和萼，竖着对半切开，切成滚刀块。

2. 炸茄子

把油加热到170℃，将茄子从带皮的一面开始炸，控制好火候，炸至焦黄。

3. 制作味噌酱汁

在平底锅中放入芝麻油和青辣椒加热，闻到香味后加入姜并翻炒。加入味噌、味啉和酒，用小火炖煮，再加入高汤搅拌。当汤汁变得黏稠滑润就做好了。

4. 完成

在炸好的茄子中拌上3的味噌酱汁。

💡烹饪技巧

1. 茄子随意切滚刀块增加断面，可以更均匀地蘸上味噌酱汁。

2. 茄子从有皮的一面开始炸可以保持颜色不变。

3. 茄子和味噌酱汁要趁热拌好。

---

① 清汤，在日本高汤中加入酱油、盐做成，内有菜、鱼肉，汤汁清澈透明，通常盛入日本漆器汤碗中。——译者注

好的味噌用水溶解就会很鲜美，还加入了很多芳香蔬菜。

口味清爽，吃起来十分畅快，大人的夏季饭食

腌菜冷汤盖饭

凉爽的冷汤加入米饭，吃起来清新爽口。我的私房冷汤会放入日式洋葱腌鱼。用水溶解味噌就可以做出鲜美的汤，不要忘记放入夏季的芳香蔬菜。

材料（2 人份）

黄瓜……½ 根

阳荷……1 个

姜……10g

紫苏叶……5 片

伊佐木鱼等青鱼（或者喜欢的刺身鱼）……1 条（按个人喜好添加）

腌菜（黄瓜、茄子等，根据个人喜好选择）……适量

制作冷汤的高汤 a

- 伊佐木鱼（※）……1 条
- 洋葱……½ 个
- 胡萝卜、芹菜秆……各 4cm
- 水……4 杯
- 昆布高汤……2 杯

味噌……3 大匙

米饭……2 碗

砂糖和盐……适量

冰……适量

1. 准备工作

黄瓜涂上盐，去掉毛刺，浇上热水放进漏勺冷却（参照 P.29）。切丝，放入漏勺，撒上盐腌软。阳荷和姜切细丝。紫苏叶和腌菜切成小块。

盐和砂糖等量。

2. 处理伊佐木鱼

伊佐木鱼切成 3 片，去皮，抹上等量的砂糖和盐，放置一会儿。迅速用水冲洗，擦拭掉水分，用菜刀粗粗敲打一下，泡在水里，洗去血水。

3. 制作冷汤

在锅中放入 a 中除昆布高汤之外的材料炖煮，撇去浮沫，加入昆布高汤继续炖煮，沸腾后过滤。在大碗中放入味噌，用 2½ 杯高汤溶解，加入冰。放入除腌菜之外的其他蔬菜和伊佐木鱼，拌匀。

※ 不使用伊佐木鱼制作冷汤

在 2 杯水或昆布鲣鱼高汤中加入 3½ 大匙味噌溶解。

4. 完成

腌菜放在米饭上。冷汤盛入碗中，要吃的时候倒进去。

💡 烹饪技巧

鱼肉抹上砂糖和盐可以去除腥味。

甜醋渍新姜阳荷
◎ 可冷藏保存 2 周

新姜和阳荷是夏季芳香蔬菜的最佳组合。
两者搭配放入甜醋腌制，可以立刻消除暑
热和疲劳，给人带来丝丝凉意，作为常备
菜非常合适。

材料

新姜……100g

阳荷……6 个

洋葱……¼ 个

甜醋
┌ 醋 ……300ml

│ 粗制糖……100g

│ 味啉……100ml

└ 盐……两撮

1. 新姜竖着切成薄片，撒上盐，阳荷竖着切成 4 块，都浇上热水泡一下，放进漏勺。
   洋葱竖着切成薄片，过水。
2. 把制作甜醋的原料放入锅中加热，煮至剩余三分之二，晾凉。
3. 在平底盘中放入 1，倒入甜醋，腌 30 分钟以上。

要点

浇上热水后泡一下，不但可以去除食材异味，还能使食材更容易保存且菜品的味道
保持不变。

暴腌柿子椒和花穗紫苏
◎ 冷藏可保存 3~4 天

一时兴起做了这道菜，让大家很惊喜。切
碎的柿子椒和紫苏香气清新，挂面、意大
利面、热气腾腾的米饭……都可以搭配它
一起食用。

材料

青椒……6 个

花穗紫苏 ①…… 根据个人喜好

盐（预处理用）……适量

腌汁
┌ 淡口酱油、酱油……各 80ml

│ 醋……60ml

└ 砂糖……1 大匙多

将食材腌至出水

1. 青椒去蒂、籽和里面的筋，切成 5mm 的小块。紫苏花从茎上刮下。将食材放入
   方底平盘混合均匀，撒上食材总量约 1% 的盐，放置半天至一晚。
2. 把制作腌汁的原料煮开晾凉。
3. 倒掉 1 腌出的水分，倒入 2 的腌汁，放置 30 分钟以上。

要点

酱油和淡口酱油混合使用，味道会更有层次。

---

① 如果没有的话可用切成大块的紫苏叶代替。花穗紫苏是在紫苏花开至三成左右时收获。

做菜时学到的
处理夏季蔬菜
的小窍门

奶油培根味
夏季时蔬

　　炎炎夏日，汗流浃背地忙了一上午回来，清新爽口的菜是最下饭的。这个时节我经常做的，就是腌制后放凉吃的蔬菜料理。黄瓜、茄子、秋葵、青椒……大手笔地使用各种夏季蔬菜，用高汤制作的调味汁腌制并放凉。关键步骤是事先对每种蔬菜进行合适的处理。采用生、煎、煮等不同的方法处理不同的蔬菜，然后摆在平盘上，倒上调味汁，冷藏几小时使其入味。味道恰到好处又有嚼劲，回味清爽，可以消暑。

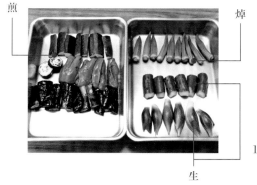

煎

焯

生

夏季时蔬
奶油培根味

材料	腌汁
青椒……2 个	高汤……1 杯
茄子、黄瓜、西葫芦……	淡口酱油……1 大匙
各 1 个	盐……½ 小匙
阳荷……3 个	青辣椒……3 个
秋葵……10 个	胡椒粉……一撮
橄榄油……3 大匙	盐（基础调味用）……一撮

1. 预处理

◎生着使用的蔬菜（黄瓜、阳荷）

黄瓜撒上盐揉搓，倒上热水去掉青刺，切成条。阳荷对半切开。

◎焯水的蔬菜（秋葵）

削去蒂周围部分，撒上盐搓去细毛，用牙签扎几个洞。用开水焯透（参照 P.25）。

◎煎的蔬菜（青椒、西葫芦 、茄子）

青椒去蒂和籽，竖切成 6 等份。西葫芦切掉上下部分后切成条。茄子去蒂切成条。用 1 大匙橄榄油煎。

2. 腌渍

蔬菜放在方底平盘上，撒上盐，倒入剩余的橄榄油。腌汁煮开后加入胡椒粉，趁热倒在蔬菜上。晾凉后放入冰箱冷藏。

摆在方底平盘上，撒上盐，这是基础的味道。

刷上橄榄油可以保持蔬菜色泽不变，腌得恰到好处。

35

筑地御厨的成员。从左至右依次是满、悦、绘里、我、修马、昭悦

无论晴空万里还是刮风下雨

筑地御厨总有让人

惊喜的时令菜品

某个春日的菜品

4月3日／雨转阴／西北风／气温12℃

本日菜品

凯萨沙拉

竹笋饭

甘煮①蔬菜

猪肉角煮配结球高菜

① 肉、蔬菜加入酱油、味醂和糖等炖制的菜品，味道甜而清淡。——译者注

蔬菜店的工作深夜两点就开始了。

根据当天的天气和身体状况，做自己想吃的菜品。

做自己想吃的东西

櫻花盛开的时候天气总是很冷，今天又阴雨绵绵。抬头看看铅色的天空，我觉得今天应该吃点热气腾腾的菜品。

今天这个日子有点特别。我们花费了一年时间编写这本料理书，今天是拍摄的最后一天。能顺利进行到这一天，全靠御厨伙伴们的支持和帮助。我对大家非常感激，所以要拿出全部本领准备今天的菜品犒劳大家。

虽说今天很特别，但也并没有做戏的成分。偶尔我也会在员工生日的时候花 3 天时间制作豪华版的炖牛肉。而平时以家常菜居多，把做好的菜盛在平盘里，大家取自己喜欢的菜品放在自己的盘子里吃。中午时间偶尔会有工作上的客人或朋友到访，也会邀请他们一起吃，"难得您过来啊，尝尝我的手艺吧"。我经营的是一家很小的事务所，连像样的大门都没有，却经常热热闹闹地做菜，大家谈笑风生地一起吃饭。所以就有人好奇地扒在门口看，问这里是不是食堂。于是事务所开始被人叫作"御厨食堂"。今天我就要用手头的食材精心制作几道食堂风格的菜品。

决定菜品味道的关键

御厨是一家蔬菜店，所以菜品以时令蔬菜为主。我考虑了店里现有的蔬菜，决定了今天的主菜，用冬季蔬菜和刚上市的春季蔬菜搭配，制作口味清淡的甘煮蔬菜。为了满足年轻人的口味，还准备了之前做好的猪肉角煮，还有正当季的竹笋饭和用刚上市的蔬菜制作的凯萨沙拉。"这样安排怎么样呢？"我问。同事绘里说："听起来真不错！那我先来准备姜和蒜吧。"这个助手一直都是这么沉稳。

她来御厨已经快 4 年了，这段时间一边给我帮忙一边做事务所的工作，现在已经是我的得力助手。还有悦，她是一位擅长做家常菜的大胆姐姐。做菜的时候她们两人会给我打下手，而我因配送蔬菜回来晚的时候也不用担心，只要打电话联系她俩就可以放心了，她俩会安排得周全妥帖。

那么我们就开始准备吧！送货的人马上就要回来了，他们一定饿得前胸贴后背了。

做菜一定要快，但也不能只考虑速度。如果只追求快而做法粗糙马虎，味道上就会体现出来。关键是进行合理的安排，上桌时该热的菜品要热，该凉的菜品要凉，什么时候开始准备什么时候完成，考虑好先做什么后做什么非常重要。当然，一道一道分开做效率太低，所以处理蔬菜的准备工作要放在一起做。这样料理台不会凌乱，剩下的

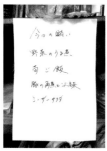

今日菜品手写菜单。员工
根据菜单做准备。

1. 生菜在芯上切一下，用手
掰开。

6. 左：绿芦笋、鸭儿芹、荷兰豆、白芦笋、大葱。
浇汁由高汤、淡口酱油和味淋混合而成。
右：焯后撒上盐可以防止变色，锁住鲜味。

2. 冬季的时令菜长崎产
结球高菜。叶菜焯后要控
干水分，放在滤器上。

3. 先处理蔬菜。

7. 右：洋葱不要煮透，
保持味道清淡。调味和
浇汁一样。
下：把握好时间很重要。
要趁热混合。

4. 常备的角煮回锅炖一下，连汤一起和
结球高菜搭配。十分入味。

5. 竹笋切大块，很有
分量。

一定要尝尝！
来，我尝尝今天
的菜味道如何！

绘里是我的得力助手，两人配合很默契。

步骤做起来也会更方便。

今天蔬菜种类很多，我一一处理好。其实这个步骤让人很开心。例如剥掉竹笋皮、削去根部这个小小的准备工作，还有用手掰开生菜时的节奏，这些都让我心情愉快。工作的态度和菜品的味道是成正比的。

绘里在我旁边从容不迫地切着做甘煮要用的蔬菜，切好的成品简直完美，姜丝顺着纤维切得粗细均匀，好的刀工会让菜品的味道大不相同。她是用舌头学习如何做菜的。

在锅边等着水煮沸的悦问，

"悟，芦笋焯多长时间呢？"

"颜色变得鲜艳就可以捞出来了，一会儿还要煮呢！"

"好的，我知道了！"

悦做事很麻利。绿色的芦笋热气腾腾，已经摊开放在漏勺上了，香味扑鼻而来。我对她说，赶紧撒上盐吧！

在实践中掌握做菜的技巧

这时男员工们陆续回来了！我正好在热角煮。满很

高兴地说，啊，是角煮的味道！不是我自夸，我们是蔬菜店，蔬菜当然应有尽有，而且肉菜也管够。因为有年轻人，所以角煮和叉烧都经常做，在冰箱中常备，换着吃。这样也可以节省时间。今天是用角煮和今年最后的长崎产结球高菜搭配，肉的鲜香和高菜微苦的味道相得益彰，一定会很好吃。

蔬菜准备好了，现在正式开始做菜。

"绘里，你先把甘煮的调料煮开！把电饭煲的开关打开煮竹笋饭！"

"悦，你准备一下做凯萨沙拉的脆培根！"

"生菜控水了吧？"

我的要求一个接一个，两人却并不忙乱，答应下来并有条不紊地一一做好。这就是御厨团队。如果我自己来做的话肯定会手忙脚乱，可能也不会这么开心。现在这样的状态真好啊。

在做这些准备工作的过程中，甘煮的调料已经冷却了。倒在准备好的春季蔬菜上腌渍，放置一会儿后，连纤维内部都入味了。经过这样的处理后菜品就不需要再调味了。

1. 哇，甘煮好像很好吃啊，开动吧！

2. 欢呼雀跃的盛菜时间。

3. 来吧，各位，多拿些自己喜欢的菜吧。

4. 看起来很好吃。装盘也是做料理的环节。

6. 角煮好吃！我再来一块！

7. 好吃！我再盛点！

8. 果然还是老板手艺好啊！我还差很远呢。

5. 来，修马，多吃点啊。

9. 又盛了一些！

10. 吃完了，完美！

今天的甘煮采用与以往不同的做法。把蔬菜分成两份烹调，最后再合在一起。想凸显出春季蔬菜的细腻，激发出冬季蔬菜的醇厚，这样的做法应该不错吧？

通过不断练习、实践，我学会了如何使用蔬菜。怎样才能激发出蔬菜本身的味道，做出更好吃的料理呢？答案就是每天动手制作菜品。

现在继续制作甘煮。先把蒜和姜放入锅中翻炒，然后加入胡萝卜，最后加入洋葱。在食材出现微微的甜味时勾芡，趁热倒在浸泡在调味汁里的春季蔬菜上就完成了。

好，安排好了，接下来就是一鼓作气完成了。

今天的菜品也是最棒的

我尝了一下做好的甘煮。哇，好棒！"嗯？那么好吃吗？"修马好奇地看了我一眼。"是啊，确实很棒！简直春意盎然啊！"恰好此时竹笋饭也煮好了。锅盖一打开，就飘来了竹笋和羊栖菜的香气。 他走过来，"啊，是竹笋饭啊，今年第一次吃啊！"是的，御厨的伙伴们都满心期待着这一年一度的时鲜。

往装在平盘中的结球高菜上盛上角煮，倒上热气腾腾的汤。满很惊奇："啊，还可以这样吃啊。"他很喜欢做菜，经常在我旁边认真地观摩，还自己在家里悄悄地动手尝试。

终于全部做完了！来，饭菜做好了！大家快把自己的盘子拿过来排队盛饭吧。米饭也有好多呢，来，年轻人，不用客气，多来点角煮！今天的凯萨沙拉很棒啊，和啤酒很配！绘里、悦，一会儿再收拾吧，做好的菜一定要趁热吃！

怎么样啊？

嗯！好吃、好吃！真的太好吃了！真是春天的味道啊！

大家赞不绝口，兴高采烈。好棒啊！真棒！

今天的菜品也是最棒的！

酒足饭饱。美美地小憩15分钟，做个好梦。

调料为什么要精挑细选

我长年累月使用蔬菜制作料理，有一点深有体会——想激发出蔬菜的原汁原味，全靠调料。例如炖萝卜，即使采用同样的做法，如果使用的酱油品质不同，菜品的味道也会大不相同。一个是酱油味道突兀的炖菜，一个是有着萝卜独特的甘甜、味道浓郁的炖菜，当然是后者更受欢迎。精心选择调料和根据食材的特点制作菜品的重要性是一样的。

选择调料的时候我认真考虑了日本料理的特点。日本料理的主要食材是米、四季蔬菜和少量的鱼类，这种背景下就产生了日本特有的发酵调料。

酱油、味噌和味醂等调料以大豆、大米和小麦为原料，利用微生物的发酵作用制成。人们要花费大量时间精心酿造，在酿造过程中，蛋白质被分解成氨基酸，赋予了发酵调料独特的味道和香气。发酵调料，它的原料和蔬菜生长于同一片土地，在生存于相同环境中的微生物的作用下生成。这样的调料，和在同样的水土、同样的阳光条件下长大的蔬菜搭配在一起自然是和谐的。

所以我只用发酵调料，对调料的制作方法也很有要求。传统调料不需要添加剂，而是精心挑选原料、花费时间精力制作。这样的调料不会破坏蔬菜本身的味道，并且可以激发出蔬菜的原汁原味。只品尝调料也会觉得味道柔和不突兀，用在食材中不会喧宾夺主，反而可以衬托出食材的味道，让味道更有层次。例如，酱油的味道不浓烈、味醂清爽甘甜芳醇、味噌有着大豆的香气……用一句话概括，这些调料品质上乘，用它们制作菜品，能使我身体健康。

另外两样重要的原料就是水和盐。蔬菜和鱼（当然人也一样）的主要成分是水，这一点大家都知道。在料理中激发出食材原汁原味的是水，最接近自然的水更容易被食材接纳。盐也是一样的，它富含自然的能量，和食材非常搭配。

下面介绍的是我经常使用的调料，味道我都很喜欢，和蔬菜非常相搭。我每天做菜的时候使用的就是这些调料。

丸中酱油

丸中酱油（株）
滋贺县爱知郡爱庄町
东出 229
T：0749-37-2719

纯米富士醋

（株）饭尾酿造
京都府宫津市
小田宿野 373
T：0272-25-0015

有机三州味醂

（株）角谷文治郎商店
爱知县碧南市西浜町 6-3
T：0566-41-0748

藏之乡米味噌

（株）自然·和谐
东京都世田谷区
玉堤 2-9-9
T：03-3703-0091

夜明前

大吟酿练粕
（株）小野酒造店
联络地址：（株）森田商店
琦玉市南区内谷 5-15-19
T：048-862-3082

天日湖盐

木曾路物产（株）
岐阜县惠那市
大井町 2697-1
T：0573-26-1805

土之日记（粗制糖）

（株）Annex Rand
神奈川县川崎市
麻生区冈上 367-1
T：044-987-1774

波纳佩黑胡椒

进口商：宫恒产（株）
绢丘 2-44-3
T：042-636-8047

平出芝麻油

平出油店
福岛县会津若松市
御旗镇 4-10
T：0242-27-0545

菜籽色拉油

（有）鹿北制油
鹿儿岛县始良郡
涌水町 3122-1
T：0995-74-1755

Castel di Lego Auro

特极初榨橄榄油

进口商：小川正见 &Co
东京都杉井区荻窪
3-36-1-202
T：03-3392-3380

L'essenza

（调味汁·黑葡萄醋）
进口商：小川正见 &Co
东京都杉井区荻窪
3-36-1-202
T：03-3392-3380

罗臼昆布

（株）奥井海生堂福
井县敦贺市
神乐町 1-4-10
T：0720-22-
093（代）

大分产香菇

大粒冬菇
无双（株）
大阪市中央区大手通 2-2-7
T：06-6945-5800

秋季菜品

　　9月来临，经常无缘无故就有颇多感触。不知道为什么做菜的时候也不像夏天那样追求速度了。锅碗瓢盆的声音交织在一起，小火炖煮食材的味道弥漫在整个事务所，这样的时光让人心情很愉快。去送货的同事饥肠辘辘地回来，问还有多长时间能开饭。其实等待也是味道的一部分吧。

　　秋季打前阵的是北海道的马铃薯、南瓜、洋葱和胡萝卜，需要等这些食材上市后才能做的菜也不少：土豆沙拉、炸肉饼、奶汁烤菜……每道菜都是我喜欢的。其他时节我也会做炸肉饼，但是味道大不相同。秋季的马铃薯味道果然不同凡响。

　　9月还有已过旺季的夏季蔬菜，搭配秋季的洋葱和胡萝卜，一道简简单单的炒菜就会很美味。怀着对夏季离去的不舍、对秋季到来的欣喜，吃着两种蔬菜搭配的菜品，在这个过程中，身体也慢慢从活动期进入了积蓄期。

　　到了10月，就正式进入秋季了。大地上的牛蒡、莲藕、茼蒿，山间的蘑菇等食材陆续进入御厨。以原木香菇为首的各个种类的蘑菇争相登场，餐桌简直成了蘑菇的舞台。汤、意大利面、嫩炒蘑菇……好像有做不完的菜品。搭配各种根菜能做出什么呢？对，有什锦饭、猪肉汤和炖菜。味道最好浓一点、甜一点，但是砂糖要少放，可以借助洋葱的味道，这是笔者这个在蔬菜店工作的老爷爷的一个诀窍。葱类炖煮或炒过后会有甜味，是整个秋冬不可缺少的调料。

　　还有一种食材，可以说是秋季菜品的重要一员，就是干菜。当最高气温低于15℃、湿度低于40的时候，就非常适合晾晒蔬菜了。不只蘑菇可以晒，根菜也可以切好泡一下水、晒干，香气会更浓郁，味道也会更鲜美。用干菜制作的酱汁拌乌冬凉面非常美味。这些干菜在冬季做菜的时候会经常用到。

蘑菇汤面和牛蒡什锦饭

面、米饭都可以搭配蘑菇！可以充分品尝到秋季味道的固定菜品

秋季当然要吃蘑菇做的料理了。

煮面和什锦饭是秋季料理双璧。

这两道料理都有着蘑菇特有的味道和香气，口感很好，做起来也方便快捷。

蘑菇会在各种菜品中出现，让人很不可思议，似乎整个秋季都不会吃腻。

蘑菇的种类很丰富，搭配不同的蔬菜，可以形成不同的组合。和牛蒡等香气浓郁的根菜类也很相搭，做什锦饭等菜品的时候风味倍增，味道更上一层楼。

蘑菇汤面

材料（2 人份）

蘑菇……（榆黄蘑、舞菇、蟹味菇、平菇、滑子蘑等）……300g

大葱（葱白部分）……⅓ 根

姜（剁成泥）……2 大匙

挂面……2 把

浇汁
- 高汤（※）……3½ 杯
- 酱油……1⅓ 杯
- 味啉……½ 杯
- 盐……一撮

1. 准备工作

除滑子蘑外的蘑菇用手掰开，分成小朵在开水中快速焯一下。然后把滑子蘑也焯一下。大葱横切成片。

2. 制作浇汁

在小锅中放入制作浇汁的材料并煮开。放入 1 中处理过的蘑菇，用大火煮开，撇去浮沫，关火。

3. 完成

把煮好的面条放在容器里，浇上浇汁，加入葱和姜泥。

※ 鲣鱼高汤、昆布高汤、干香菇高汤的比例为 10：1：1。

全部倒进沸水中。

放入蘑菇，再次沸腾后捞出放在滤器中。

煮的时间不要太长，否则会影响风味。

💡 烹饪技巧

1. 蘑菇的种类可以根据自己的喜好选择。滑子蘑有黏液，所以要单独处理。

2. 浇汁基础材料高汤、酱油、味啉的配比是 8：3：1。

3. 加入蘑菇后立刻关火，以保留其独特的风味。

牛蒡什锦饭

材料（2 ~ 3 人份）

米……150g

牛蒡……50g

胡萝卜……10g

蟹味菇……3 个

干香菇（水发）…… 1 个

萨摩鱼饼[①]……1 个

水……180ml

调料
- 淡口酱油……1 大匙
- 酒……1 小匙
- 盐……一撮

1. 准备工作

牛蒡带皮斜切成薄片，焯水。胡萝卜去皮切丝。鱼饼切成 5mm 的小块。香菇切薄片，蟹味菇用手掰开，分成小朵。

2. 煮饭

在电饭锅中放入其他食材，加入水和调料，按下煮饭键。

💡 烹饪技巧

1. 不使用高汤而是用水，萨摩鱼饼和蔬菜会让饭的味道更鲜美。

2. 牛蒡带皮煮，可以增加风味。

① 用日本鹿儿岛的鲜鱼炸制的一种肉饼。——译者注

当然要用茄子、秋刀鱼制作应季菜品。用油炖煮是决胜的关键！

油浸秋刀鱼和炸腌茄子

秋刀鱼拆开放在米饭上，吃起来非常美味。秋天来了啊！秋天就是这样的季节。

到了9月，就要吃茄子和秋刀鱼了。

这两种食材只用简单炒一下就很美味，但我不厌其烦地尝试了油浸的做法。将秋刀鱼用自己家榨的油慢慢炖煮。

可以趁便宜的时候多买一些鱼，这样做好后保存，比罐头更天然美味。使用的时候也很方便。

炖煮秋刀鱼的油还可以继续使用，例如用来炸马铃薯，油里的鱼鲜味会渗入马铃薯，风味更佳。

油浸秋刀鱼

材料（2人份）

秋刀鱼……2条
橄榄油、菜籽油……各适量（等量）
月桂叶……1片
蒜……1瓣

腌汁
- 高汤……150ml
- 酱油……100ml
- 味醂……80ml
- 酒……80ml
- 粗制糖……2大匙
- 薄姜片……1片

米饭……2碗
马铃薯……1个（小）
紫苏叶……1片

保持咕嘟咕嘟冒泡的状态低温炖煮。炖煮过程中不要翻动食材。

1. 准备工作

秋刀鱼去除内脏和带血的肉，洗净，切成四五厘米的大块。马铃薯放入水里慢慢煮，带皮切成4～6等份。

2. 用油炖秋刀鱼

在厚的浅锅或平底锅中放入油、蒜、月桂叶和擦干的秋刀鱼，开火，低温炖煮，注意不要煮沸，大约1小时后炖至软烂。用炖秋刀鱼的油把马铃薯炸好。

3. 涂上腌汁

把腌汁的材料煮开，加入控干油的2中的秋刀鱼，煮2～3分钟。

4. 装盘

米饭盛入碗中，放上3和炸好的马铃薯，撒上切碎的紫苏叶。

※油浸便于保存，食材浸在油里可以冷藏保存一个月。浸在腌汁里可以冷藏保存1周。鱼的香味也会渗进炸鱼的油里，下次油炸的时候可以使用。

💡 烹饪技巧

秋刀鱼以90℃左右的低温慢慢炖煮，会达到骨酥肉烂的效果。

炸腌茄子

材料（2人份）

茄子……2个
年糕……适量
油……适量
萝卜泥……¼个萝卜的量
小葱（横切）……2大匙

浇汁
- 鲣鱼高汤……50ml
- 淡口酱油……1小匙
- 味醂……½小匙
淀粉……适量

1. 准备工作

茄子去掉蒂和萼，切成滚刀块。年糕和茄子切成差不多大小。

2. 制作浇汁

在小锅中放入制作浇汁的材料，煮开。

3. 炸制

把油加热，年糕下锅炸。然后把擦掉水分的茄子蘸上淀粉放入锅里炸。

4. 完成

把茄子和年糕放入容器，加上萝卜泥，倒入浇汁，撒上小葱。

在170℃的油温下炸马铃薯。

盐炒荞麦面

发挥蔬菜的原汁原味做出口味清爽的菜品。面条要干炒，这是窍门。

炒得劈里啪啦响，简直像我喜欢的铁板烧荞麦面一样！女员工们很兴奋——面条干炒是窍门。

秋老虎的天气，口味清淡的咸味菜品是最受欢迎的。已过旺季的夏季蔬菜和刚上市的秋季蔬菜搭配使用是关键。这个时节的青椒皮变厚了，要横着切以切断纤维；刚上市的秋季蔬菜则顺着纤维方向切，这样处理会让食材的口感和味道更好。

材料（2 人份）

青椒……1 个
阳荷……⅛ 个
胡萝卜……¼ 个
洋葱……¼ 个
大葱（葱白部分）……⅛ 根
蘑菇……（口蘑、香菇等）适量
蒜、姜（切丝）……各 1 大匙
猪肉薄片……120g
菜籽油……1 大匙
水或高汤……1 大匙

猪肉薄片调味用
┌盐、酒……各少许
│芝麻油……½ 小匙
面条……2 把
面调味用
┌盐……少许
└芝麻油……½ 小匙
盐、胡椒粉……各 ⅔ 小匙

炒蔬菜的时候尽量不要翻动，防止渗出水分。

1. 准备工作

青椒、阳荷竖着对半切开、去籽，再横着切成细丝。胡萝卜斜着切成薄片再切细丝。洋葱竖着切薄片，大葱斜着切薄片，蘑菇分成小朵。给猪肉薄片调味。

2. 干炒面条

在平底锅中放入面条，用长筷子拨散，蒸发掉水分。撒上少许盐和芝麻油，拨散后盛到平盘里。

3. 炒制

在平底锅中放入菜籽油和蒜、姜，炒出香味后转大火，加入猪肉、阳荷和胡萝卜，注意不要翻动食材，加热 30 秒，待蔬菜和肉有香味后加入面条翻炒均匀。撒上盐、胡椒粉，加入水或高汤，用大火收汁就完成了。

💡 **烹饪技巧**

1. 面条和蔬菜分别炒好后拌在一起。
2. 面条干炒蒸发掉水分，不容易成坨。

马铃薯炸肉饼

使用新鲜出土的男爵马铃薯，让固定菜品也成为绝品！

嘎吱嘎吱，松软热乎！炸肉饼果然要用秋季的男爵马铃薯，刚炸好的炸肉饼是最棒的！

看到刚刚运达的北海道的男爵马铃薯，我忽然很想吃炸肉饼，使用的食材就是刚刚收获的男爵马铃薯。想要快速做好，可以将马铃薯去皮切成滚刀块，和其他的食材一起煮。这样会更入味，口感也更好。

材料（4人份）

马铃薯（男爵）……4个

洋葱……¼个

胡萝卜……⅙个

牛肉馅……150g

红叶生菜……适量

橄榄油（沙拉油）……1大匙

水或高汤……适量

盐……一撮

调料a
- 盐……½小匙
- 酱油……½小匙
- 黑葡萄醋……½小匙
- 胡椒粉……一撮

面衣
- 面粉、面包屑……各适量
- 鸡蛋……2个

油（用于炸制）……适量

酱汁（根据个人喜好选择）……适量

放在一起煮口感会更好。注意不要将水煮沸。

1. **准备工作**

马铃薯去皮，切成滚刀块。洋葱和胡萝卜切碎。

2. **炒**

在平底锅中放油加热，倒入洋葱翻炒，变成黄褐色后加入牛肉馅继续炒，加入调料调味。

3. **煮**

在厚锅中放入马铃薯和胡萝卜，加入水或高汤没过食材继续煮。马铃薯煮烂后撒上盐，滤去水分，捣碎。

4. **搅拌**

在3中混入2，盛入平盘中晾凉。

5. **制成饼坯炸制**

把4制成方便食用的饼坯，沾上面粉、蛋液，拍上面包屑。把油加热到170℃，入锅炸。

6. **装盘**

在盘子中放入红叶生菜、饼，浇上调味汁。

烹饪技巧

1. 马铃薯和胡萝卜一起煮会更快煮烂。

2. 把饼坯捏圆的时候要捏紧，挤出里面的空气，这样饼不会碎。

10月

自制腌肉让普通的炒菜升级

炒腌肉和纳豆朴蕈 ① 汤

腌的东西果然好吃啊，女员工们也大快朵颐。你不是说块太大吗？什么？还要再添一碗饭？

---

① 一种很珍贵的蘑菇，日本长野县特产。——译者注

如果常备自制腌肉的话，做菜时会非常方便。

买一块猪肉抹上盐，放置 3 天。

这样处理可以让猪肉软嫩，更添风味。

煮熟切开直接食用就很美味，也可以做凉拌菜、炒菜或者浓汤，使用非常方便。如果想迅速准备好菜品，选它绝对没问题。

炒腌肉

材料（2 人份）

腌肉（煮熟）……150g

滑子蘑、平菇……共100g

洋葱……⅛ 个

茼蒿等绿叶蔬菜……适量

橄榄油……1 大匙

1. 准备工作

把腌肉切成 5mm 厚的片。滑子蘑和平菇用手掰成方便食用的大小。洋葱竖着切薄片。茼蒿用手掰断，焯一下水，这样可以使口感爽脆。

2. 炒

在平底锅中加热橄榄油，放入洋葱和蘑菇翻炒。把猪肉放入快速炒一下。

3. 装盘

在盘子里摆上绿叶蔬菜，盛入腌肉和蘑菇。

💡 烹饪技巧

腌肉放在蘑菇上可以让其中的鲜味渗进腌肉中。腌肉的咸味已经足够，不需要再加盐调味。

芋梗也叫芋茎，是芋头的茎。干品水发后口感清脆。

纳豆朴蕈汤

材料（2 人份）

朴蕈……1 盒

纳豆……1 盒

芋梗（水发）……½ 根

大葱……适量

鲣鱼高汤……500ml

味噌……2 大匙

1. 准备工作

朴蕈快速过一下热水，去除黏液。纳豆捣成大颗粒。芋梗切成 1cm 长的段。大葱斜切成段。

2. 煮

在锅中加入高汤煮开，溶解味噌。依次加入芋梗、朴蕈和纳豆，煮开关火。

3. 盛盘

盛入碗中，撒上葱花。

💡 烹饪技巧

要先加味噌后加纳豆，否则汤汁会浑浊发黏。

①抹上足量的盐。

②包上保鲜膜隔绝空气。

③变成质感透明的鲜红色。

④煮肉的水可以用来做汤。

如何制作腌肉

材料

猪肩里脊……1kg

盐……200g

在猪肉上均匀地抹上盐，确保全都抹到，充分按揉使盐渗入肉里。包上保鲜膜隔绝空气放入冰箱中冷藏，3 天后即可使用。也可以加上百里香等香草。

用法：加入香味蔬菜和少许酒煮一下能去除多余的盐分，使用更方便。也可以利用它本身的咸味做炒菜。

· 煮一下做沙拉或浓汤

· 直接切好做炒菜

10月

咖喱味奶汁烤南瓜

捣碎、切片，双重魅力打造出豪华版菜品！

南瓜片和南瓜泥相得益彰，口感丰富不单调，是一道很奢侈的菜品！

到了9月，南瓜就登场了。南瓜很容易熟，而且味道也很甘甜，可以用来制作奶汁烤南瓜，一半切片一半蒸熟，再捣碎混合在一起。这道菜有着双重魅力，柔软不腻，如婴儿皮肤般滑嫩。

材料（2 ~ 3 人份）

南瓜……½ 个
牛肉馅……200g
洋葱……½ 个
牛奶……100ml
盐、胡椒粉……各少许
咖喱粉……1 小匙
菜籽油……1 大匙
混合奶酪……适量
黄油……少许
贝夏梅尔调味酱（参照
P.13）……2½ 杯

1. 准备工作

南瓜去籽，分成两份，一份蒸熟去皮，趁热捣碎；另一份去皮，切成3mm厚的片，加入牛奶炖至软烂。洋葱切碎。

2. 炒牛肉馅和洋葱

在平底锅中放入菜籽油，加热，洋葱炒至透明，加入牛肉馅，撒上盐、胡椒粉和咖喱粉，炒匀。

3. 制作汤汁

在调味酱中加入2和南瓜，用2 ~ 3杯煮好的牛奶拌好。

4. 烤

在耐热的餐具中涂上黄油，依次摆上南瓜片、调味酱、捣碎的南瓜、调味酱、南瓜片，再加入足量的奶酪，放入烤箱中烤至焦黄。

🔦 **烹饪技巧**

1. 南瓜采用切片和捣碎两种方式处理，让口感富于变化。

2. 用牛奶炖煮南瓜，炖煮后的汤汁用于调味。

食材的处理方式会影响其口感和味道。

趁凉放入足量的牛奶，用中火炖煮，不要煮沸。

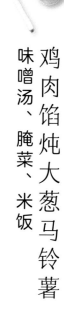

深秋的马铃薯最美味！内田独门的马铃薯炖肉全靠大葱取胜！

味噌汤、腌菜、米饭

鸡肉馅炖大葱马铃薯

搭配大葱的马铃薯炖肉入口香浓，简单又美味！是我常做的菜品！

鸡肉馅炖大葱马铃薯

使用当季马铃薯的"大葱马铃薯炖肉"是我经常做的菜品。我尝试使用鸡肉馅制作这道菜，鸡肉馅成块放入，不要弄碎。一锅就可以完成，而且非常鲜美。

材料（2人份）

马铃薯……2 个

大葱（葱白部分）……1 根

鸡肉馅……150g

菜籽油、芝麻油 ……各 ½ 大匙

酱油……1½ 大匙

味啉……1 大匙

盐……一撮

水……适量

1. 准备

马铃薯去皮，切成 4 块。大葱斜着切大段。

2. 炖

在厚锅里放入油、马铃薯和鸡肉馅，放上大葱。加入正好没过食材的水，盖上盖子中火炖煮。炖至马铃薯基本断生后加入酱油、味啉和盐调味，继续炖煮至熟烂。

味噌汤

材料（2人份）

高汤……300ml

味噌……2 大匙

鸭儿芹……3 棵

大葱……⅓ 根

高汤煮开，溶入味噌，撒上葱花和用手撕碎的鸭儿芹，煮开。

鸡肉馅要成块加入，不要弄散。把葱放在最上面，这样葱的香味会渗透到所有食材中。

🍲 烹饪技巧

在厚锅中加入油，依次加入马铃薯、鸡肉馅和大葱。鸡肉馅不要弄散，这是窍门。

11月

大量使用当季根菜，才会有如此鲜美浓郁的味道

筑前煮 ⊖

豆腐味噌汤、米饭

煮开后要晃动锅子，火候和锅的处理方式决定味道。加热的步骤颇有乐趣。

---

① 日本家常菜。主要原料是鸡肉，配料有蒟蒻、牛蒡和芋头等，慢火炖煮而成。——译者注

从秋到冬，正是根菜类的成熟旺季。每种根菜都有自己的特点，搭配在一起味道会更浓郁。根菜类的固定菜品就是筑前煮。每次做的时候可以多做一些，第二天、第三天也可以吃。想要做得好吃，做好准备工作是关键。蔬菜切好后迅速浇上热水，这样处理可以去除异味，让菜品的味道更清爽。

筑前煮

材料（2 人份）

莲藕……½ 节
牛蒡……½ 根
胡萝卜（小）……½ 个
芋头……2 个
萝卜……⅙ 个
青豆角……3 根
干香菇（水发）……2 个
魔芋……½ 片
炸豆腐块①……½ 块
芝麻油……1 大匙

炖菜的高汤

┌ 高汤……1 杯
│ 酱油……50ml
│ 味醂……50ml
└ 泡发干香菇的水……1 杯

芋头上有筋会影响口感，削皮的时候要削得厚一些。

1. 莲藕和胡萝卜去皮，切成一口大小的块。牛蒡洗净，带皮切成滚刀块。芋头削去厚厚一层皮，竖着切成 4 ~ 6 块。萝卜去皮，切厚片，再切十字刀。所有根菜泡水后放在漏勺上，浇上热水。控油的炸豆腐块和香菇切成一口大小的块。魔芋切成一口大小的块，两面切上细细的格子花刀，在热水中快速焯一下。青豆角掐去筋，用热水快速烫一下后切开。

2. 先炒再炖

在厚锅中烧热芝麻油，依次加入牛蒡、莲藕、胡萝卜、萝卜、魔芋和香菇翻炒，加入炖制菜品的高汤、炸豆腐块，盖上盖子炖。烧开后加入芋头，炖至软烂。最后加入青豆角，迅速关火。

💡 **烹饪技巧**

1. 蔬菜的准备工作决定味道。为了让食材同时熟透，要切成同样的大小。

2. 根菜类容易有异味。泡水后浇上热水可以让味道更清爽。

3. 炖煮过程中要晃动锅，防止蔬菜焦煳。不要用筷子拨弄食材以免弄碎。

豆腐味噌汤

材料（2 人份）

绢豆腐……¼ 块
裙带菜……适量
高汤……3 杯
味噌……2 大匙
高汤烧开，溶入味噌，用调羹将绢豆腐舀入高汤中，将裙带菜切碎放入汤里就完成了。

在水中泡 10 分钟左右。

浇上热水可以去除异味。

离火，慢慢左右晃动锅子。

---

① 用整块或半块豆腐炸制而成，外皮焦黄，内里保持着豆腐特有的鲜嫩。炸豆腐块是炖菜中常见的食材。——译者注。

用寿喜烧作为盖饭浇头，不需要放糖，秘诀是使用洋葱

11月

寿喜烧盖饭

听着咕嘟咕嘟煮开的声音，闻到了咸甜诱人的味道……还要几分钟才能吃啊？有人已经开始催促了。看到大家如此期待，我体会到了做菜的喜悦。

进入11月之后，天气越来越冷，开始想吃可以让身体暖和起来、味道浓郁的菜品了。

所以我做了寿喜烧。寿喜烧配米饭吃的时候，如果用砂糖调出甜味的话会有些腻，利用当季洋葱的甜味是我的秘诀。

材料（2人份）

牛肉（碎肉）……150g

牛肉调味用

□盐、酒……各少许

洋葱……½ 个

大葱（葱白部分）……½ 根

韭菜……¼ 把

干香菇（水发）……1 个

小葱（横切）……少许

煎豆腐……¼ 块

魔芋丝……¼ 袋

佐料汁

┌高汤……50ml

│酱油……50ml

└味淋……50ml

酱油、味淋……各适量

蛋（蛋黄）……2 个

米饭……2 碗的量

醋腌姜片（参照 P.60）……适量

洋葱要在凉的时候放入。

1. 准备

牛肉调味。洋葱竖着切薄片，大葱斜着切大段，韭菜切成5cm的段，香菇切成薄片，煎豆腐切成1cm左右方便食用的大小。魔芋丝焯水去除异味，切成方便食用的长度。

2. 炖

在锅中放入佐料汁和洋葱。待洋葱变得透明有甜味后依次加入魔芋丝、煎豆腐、香菇和韭菜，待煎豆腐渗出水分后，在中间放上肉，再放上大葱，盖上盖子炖15分钟。加入酱油、味淋调味，然后关火。

3. 盛装

在大碗里盛上米饭，加上2，倒入蛋黄，撒上小葱，放上醋腌姜片。

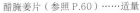

烹饪技巧

1. 在佐料汁中加入洋葱，用洋葱的自然甜味代替砂糖。

2. 牛肉炖煮后会变硬，继续炖煮，经过足够的时间后就会变得软嫩。充分炖煮后牛肉的鲜味会渗进汤里，牛肉也会更入味。

将说到秋天的青花鱼，就要搭配牛蒡了。将这两种食材用味噌炖煮。

味噌炖青花鱼牛蒡

小葱清汤、米饭

终于又吃到这道菜了，真是久违了！大家都很开心。味噌炖青花鱼，自去年秋天之后就没吃到了。季节又循环回来了！

当山野被枫叶染红的时候，海里的青花鱼和田野中的牛蒡就到了一年中最美味的时候。这两种食材各有特色，如果想让味道更好，可以用味噌炖煮。

加入牛奶可以去除青花鱼的腥味，让菜品的味道更可口。

味噌炖青花鱼牛蒡

材料（2人份）

青花鱼（块）……切成2段
牛蒡……¼ 根
大葱（葱叶部分）……4cm
牛奶……适量
味噌……4 大匙

调料a
├ 水……1½ 杯
├ 酒……2 大匙
└ 生姜（切片）……2 片

调料b
├ 味啉……1½ 大匙
└ 粗制糖……½ 大匙

1. 准备工作

在青花鱼的皮上切上印，放在方底平盘上，撒上盐，倒入能够浸没食材一半的牛奶，放置20分钟。牛蒡去皮，斜着切成薄片后在水中浸泡一下。大葱斜着切丝。

2. 炖煮

在锅中放入a煮开，待酒精蒸发后加入牛蒡。把味噌溶开，放入青花鱼的腹部。加入b，加盖炖煮。青花鱼炖好后关火。

3. 装盘

盛在盘子里，撒上大葱。

鱼肉切面朝下，倒入浸没食材一半的牛奶。

小葱清汤

材料（2人份）

小葱……1 根
鲣鱼高汤……2 杯
淡口酱油、酒……各2 小匙
小葱斜着切碎。高汤倒入锅中，用淡口酱油和酒调味。在餐具中放入葱，倒入汤。

💡 烹饪技巧

1. 青花鱼在牛奶中浸泡一会儿可以去除腥味，也可以浇上热水。

2. 不时左右晃动锅子，让所有食材均匀受热。

材料

姜……100g

盐……适量

醋……1 大匙

甜醋

┌ 醋、水……各 50ml

│ 粗制糖……1 匙

│ 盐……两撮

└ 昆布高汤……1 大匙

1. 姜削去厚厚一层皮，用切片器顺着纤维方向切成薄片。抹上足量的盐放置一会儿，待姜片变软后泡在水里，泡水浑浊后换水并搓洗。倒上醋，迅速过一下热水。变色后用漏勺捞出。

2. 在锅中放入甜醋的材料，煮开冷却。

3. 把姜片放入冷却的甜醋中。1 周后即可食用。

关键

抹上盐的姜搓洗至水不再浑浊，这样处理可以去除苦味和涩味。

秋季醋腌姜片
◎ 冷藏可保存 2 周

可以用新姜也可以用老姜。秋冬季节经常会吃口味浓郁的菜品，搭配这道醋腌姜片会很爽口。吃盖饭的时候不可缺少。

材料

黄瓜……20 根

盐（腌渍用）

……200g（黄瓜的 10% 量）

粕床

┌ 酒粕……1kg

└ 粗制糖……300g

1. 黄瓜抹上盐，一条紧挨一条放在容器中。再次撒上盐，盖上盖子，压上重物（黄瓜重量的两倍），在阴凉的地方放置 3~4 天。

2. 把酒粕和粗制糖混合起来制作粕床，把粕床放入容器。黄瓜取出擦干，放入粕床中使每条黄瓜之间挨紧，在上面抹上酒粕，用保鲜膜密封隔绝空气。2~3 周后可以食用。

把黄瓜一条紧挨一条放入，涂上酒粕，使黄瓜接触不到空气。

酒粕 ① 腌黄瓜
◎ 冷藏可保存 1 个月

8 月下旬 ~ 9 月还会有黄瓜，这个时节的黄瓜种子变大，味道更甜，非常适合用酒粕腌渍。可以多做一些，这道味道浓郁的秋季酱菜在餐桌上很受欢迎。

---

① 酿制日本酒时首先酿制发酵液，压榨发酵液得到"酒粕"。日本酒的香气与味道十分丰富，所以很多人将酒粕用于腌制咸菜。
——译者注

秋季蔬菜集中烹饪

在没有充足时间准备饭菜的时候，集中烹饪会帮很大的忙。特别是在秋季，烹调南瓜、芋头等根菜类需要花费很长的时间，而炖 1 个马铃薯和炖 10 个马铃薯需要花费的时间其实差不多。而且如果用大锅加入足够的汤多炖一些，淀粉成分可以更充分地糖化，味道也会更好。炖好的菜品可以保存 2~3 天，可以事先考虑 2~3 天的菜单，准备好与之搭配的食材。

做菜时学到的处理秋季蔬菜的小窍门

做好这些准备，不仅可以大大提高做饭速度，还可以做出延伸料理

一次多炖煮一些。用保持水面冒泡但不沸腾的温度煮，煮好后格外甘甜。

煮好后冷却保存。

第二天切开煎一下就很美味。

煮好的马铃薯趁热去皮，碾碎，可以制作沙拉或者炸肉饼。

多做一些保存，可自由搭配的

做好保存的蘑菇料理

蘑菇不易保存，最好尽快吃完。但是如果炒一下、稍微放点盐，再倒上橄榄油，就可以保存1周左右。如果使用多种蘑菇的话味道会更浓郁，不仅可以嫩煎，也可以用于意大利面、日式洋葱腌鲭鱼等料理，做菜的时候非常方便。

材料

蘑菇（杏鲍菇、松伞蘑、香菇、褐黑口蘑、真姬菇、舞茸等）……1kg

蒜（大）……2瓣

橄榄油a（炒菜用）……3大匙

橄榄油b（最后步骤用）……3大匙

盐……2小匙多

胡椒粉……1小匙

1. 准备工作

用纸巾擦掉蘑菇上的污物，去蒂。大蘑菇在柄上切一下，用手掰成方便食用的大小。蒜对半切开。

2. 炒①

在平底锅中加入橄榄油a和蒜，小火加热，待蒜炒出香味后，从较硬的蘑菇开始依次放入，注意不要翻动。

3. 炒②

待所有食材沾上油并出香味后上下翻动，等待温度再次升高。重复几次这个步骤，最后加入2~3大匙水，利用蒸汽加热使食材迅速熟透。加入盐和胡椒粉调味。

4. 完成

把食材盛入方底平盘，倒上橄榄油b，冷却。冷藏保存。

关键

1. 蘑菇出香味前不要翻动。加热时翻动的话会渗出水分，香味也会散失。

2. 蘑菇冷却后放在密闭容器中冷藏保存，可以保存1周左右的时间。

◎ 蘑菇的制作顺序

①左：种类越多味道越丰富，把蘑菇处理成大小一致的块。右：蘑菇用手掰开，纤维断开更容易入味。

②用小火慢慢加热，让蒜的香味渗到油里。

③在蘑菇吸收油脂散发出香味之前不要翻动。

④蘑菇散发出香味后，晃动锅子，上下翻动食材。

⑤加入水，大火加热，温度上升后就完成了。

⑥盛到方底平盘中，在食材上倒上橄榄油，防止氧化。

材料（2人份）

做好的蘑菇……适量

洋葱……⅛ 个

蒜（切末）……2 小匙

红辣椒……1 个

橄榄油……2 大匙

意大利面……150g

盐1（煮意大利面用）……适量

盐2（调味用）、胡椒粉……各少许

水……3 大匙

　　洋葱竖着切薄片。红辣椒去籽。在平底锅中放入橄榄油，加入蒜、红辣椒，小火加热，待蒜炒出香味后，放入洋葱炒至透明。加入蘑菇拌一下，加入水，大火加热。用盐和胡椒粉调味。同时煮意大利面。在酱汁中加入意大利面。

关键

蘑菇是已经烹饪好的，所以混合后不需要加热太长时间。油要少放。

蘑菇意大利面

◎延伸料理示例

汤品、意大利烩饭、意大利面、菜肉蛋卷、杂烩饭等

绘里子的料理日记

图文·筑地御厨 山田绘里子

在内田老师制作菜品时
从旁学到的

这是 2 月中旬的一天。我像往常一样看内田老师写的餐单便条，上面写着"今天要做八宝菜，请做好准备"。那天准备的蔬菜是竹笋、葱、洋葱、胡萝卜、土当归、菜花、芦笋、蒜和姜等，有剩下的冬季蔬菜，也有春季蔬菜，让人感受到季节的变换。

每个季节八宝菜都是经常端上餐桌的菜品。除了胡萝卜和洋葱等基本的食材之外，还会加上时令蔬菜，刀工和处理方式都会根据季节做出调整，这是老师的独家秘诀。

比如这一天，首先让我觉得吃惊的是把土当归作为制作八宝菜的食材 —— 什么？八宝菜里放土当归？不可思议！但是做好后一尝，却出人意料地适合，口感清爽糯软，土当归特有的苦味将身体唤醒，让我意识到已经进入新的季节。将土当归竖着切好泡在醋水里去除异味，这个环节是必不可少的。将芦笋和菜花放在八宝菜中的做法也很少见。为了避免产生浮沫，这些蔬菜要用手轻轻地把茎、叶和尖端分开，这样处理可以让不同的

部分发挥出各自的独特味道，而且不同部分分开也方便根据是否容易煮熟掌握焯煮时间。即使不用水泡，直接放在漏勺中颜色也不会变化，而且味道也不会受影响。

认真地对待每一种蔬菜，倾听它们的声音，就会听到蔬菜自己告诉我们希望怎样烹饪。只要肯花费时间认真去做，烹饪的过程中就会觉得很享受，而且一定会得到美味的回报。美味会给我们带来温情、温暖，给予我们幸福感和满足感 —— 我从老师那儿学到了很多东西。

认识老师后我做料理的态度发生了巨大的变化，懂得了只有肯花心思、肯下功夫才能做出这样的味道。所以现在化学调料已经从我家的厨房消失了，而且我开始更重视一日三餐。我深深意识到，吃饭，并不是单纯地填饱肚子。一日三餐，是人生的原动力。

所以每天和老师一起做菜让我非常快乐。

"老师，今天我们要做一道什么样的菜品呢？"

我要学习的东西还有很多。

3.9/ 雨 /13℃

大份牛肉盖饭、生鸡蛋、山葵拌菜花、水芹菜大葱、豆腐细丝昆布味噌汤、黄金柑

咸甜适口，肉质软嫩！以鲣鱼高汤、酒、味醂和酱油为汤底的汤中加入生洋葱就有了甜味。注意汤不要太甜，如果甜度不够可以加点砂糖调整。洋葱变透明后加入牛肉，大约 10 分钟就可以做好了。

5.21/ 晴转阴 /26℃

番茄风味蛤蜊意大利面

和蛤蜊搭配的是洋葱、培根、茗葱和蒜苗。味道独特的蔬菜和蛤蜊搭配非常美味，让人赞叹！煮蛤蜊的汤和番茄泥的比例为 5：1，这样味道更均衡。如果煮太久，蛤蜊的肉会变硬，注意加热时间不要过长。

5.30/ 晴转阴 /27℃

粒粒分明的蟹肉炒饭、什锦蔬菜汤

炒饭的关键就是大火快炒。当米饭变得松散后，将仔细拆好的蟹肉放入米饭，再用盐、胡椒粉调味就完成了。蟹肉放入平底锅后要马上关火以免香味消散。翻炒均匀。

3.27/ 晴 /16℃

蛋包饭、日式马铃薯沙拉、豆腐大葱味噌汤

老师独创的"多加鸡肉＋松伞蘑＋洋葱"的番茄酱米饭是用 3 个蛋煎的蛋皮包裹的奢侈版！秘诀是迅速煎好蛋。油要多放一些，加热，蛋在一个碗里打散，倒入平底锅，把平底锅倾斜使蛋液定型，放上米饭迅速卷好。速度是关键。

5.24/ 晴转阴 /26℃

炒蔬菜和煎猪肉、洋葱蛋花味噌汤

猪肉先用大火煎，锁住肉汁。为了防止肉中渗出的油脂焦煳，需仔细用纸巾将油脂擦去。想要肉的口感软嫩，就要盖上盖子小火慢煎。取出肉，放入洋葱、蒜、酱油、酒和味醂煮开，当汤汁变得浓稠时浇在肉上。

7.31/ 晴，有时阴 /31℃

3 种蘸汁配荞麦凉面（辣萝卜、山药、咖喱调味汁）、猪肉角煮配生菜

蘸汁的汤底是味道浓郁的鲣鱼高汤。鲣鱼沉淀后容易有鱼腥味，一定要马上过滤。夏季应季的辣萝卜带皮磨成萝卜泥风味绝佳。咖喱蘸汁是之前剩下的咖喱加鲣鱼高汤做出来的。每一道都是绝品。

8.4/ 晴转阴 /32℃

煎青茄子饼、梅子汁腌黄瓜、稻庭乌冬面①

梅子汁腌黄瓜和绵软的青茄子，简直要让舌头融化了！切开茄子撒上盐，水分渗出后用纸巾擦干，煎之前拍上面粉。这样处理可以让茄子不吸收过多的油。老师说，用小火把两面慢慢煎好，加入番茄酱煮开，上面放上生火腿干蒸。加盐调味就完成了。

10.21/ 阴 /24℃

茶泡饭（咸鲑鱼、腌高菜、黄瓜腌菜、葱、阳荷、山葵泥、小沙丁鱼、梅干、海苔丝、纳豆）、炖白花豆

用昆布和鲣鱼高汤做的茶泡饭。放入所有食材后不可思议的美味。切碎的腌菜口感很好，清新爽脆！照片中没有拍上，其实还加了纳豆。这道菜真是绝品，让人赞叹！

10.31/ 阴转晴 /23℃

蘑菇茼蒿意大利面

加入丰富秋季新鲜蔬菜的意大利面。茼蒿的茎和叶要分开，这是关键。用蘑菇、蒜、洋葱和培根制作基础汤底，放入茼蒿的茎，再加盐和胡椒粉。煮好的意大利面浇上汤汁，撒上茼蒿叶子。香气四溢！

8.27/ 晴 /31℃

汉堡肉饼、米饭、面筋味噌汤

做法有诀窍！在500g肉中一点一点加入150ml冰水搅拌，这样肉会筋道，而且可以锁住鲜味！想要把肉饼做得松软，要先用大火煎以锁住肉汁，然后再盖上盖子用小火慢慢煎熟。

10.27/ 阴转晴 /25℃

嫩煎鸡腿肉配大葱调味汁、韭菜炒蛋、芜菁叶和油炸豆腐挂面、米饭和米糠腌菜②

把足量大葱放在肉上嫩煎。葱可以去除肉的腥味，并赋予食材独特的味道。将葱和蒜、姜斜着切成薄片，放在肉上干蒸。把肉取出，加入味醂、酱油和盐，煮开后就是最棒的调味汁！

11.16/ 晴 /20℃

猪肉汤、马铃薯沙拉、北极贝刺身、纳豆、米饭

御厨的猪肉汤中，芋头是不可或缺的食材，猪肉的动物性蛋白和芋头的植物性蛋白相得益彰，让菜品味道柔和爽口。萝卜、胡萝卜、魔芋和猪肉快速焯一下。芋头也煮一下再放入汤中，这样可以去除黏液，让汤的味道更清爽。

① 日本三大乌冬面之一，细面的代表，产自秋田县。——译者注
② 利用米糠中的乳酸菌腌渍蔬菜等食材制作的一种咸菜。米糠腌渍的食材多为黄瓜、茄子、白萝卜等含水量较多的蔬菜，也可以是肉、蛋、鱼、魔芋等。——译者注

11.29/ 阴 /20℃

京风乌冬面、牛蒡天妇罗浇头、炒蔬菜、醋腌萝卜

切成彩带形薄片油炸的牛蒡天妇罗。用切片器切成厚2mm、长7cm的长条，过水冲洗后沥干。蘸上薄面衣（低筋面粉与淀粉的比例为1：1，用水溶解）炸制即成。上面的部分松脆，浸在汤里的部分绵软。美味得让人感动！

1.6/ 晴转阴 /15℃

七草粥（昆布佃煮、小鱼干煮青花椒）

让人感到春天提前到来的是生机勃勃的水芹菜做的菜品！水芹菜刚刚上市，柔嫩纤细。把茎和叶分开，如想让茎更有嚼劲，就要在即将关火时放入；要发挥叶子的香气，所以在关火后放入。芜菁、麻萝卜用热水焯一下去除异味。

1.31/ 晴转阴 /13℃

蔬菜满满的热汤面

最符合蔬菜店身份的面，就要数这种了！放入各种蔬菜，吃上一碗整个身体都暖暖的。要吃的时候依次把胡萝卜、豆芽、卷心菜烫一下，放在面上做浇头。在鸡骨熬煮的高汤中放入时令的卷心菜，独有的清甜味道溶在汤里，让人陶醉，简直太棒了！

12.15/ 晴 /17℃

干菜煮面、腌菜、火腿、米饭

干菜味道浓郁，无比美味！蘑菇、牛蒡、莲藕还有胡萝卜，在寒风中晾晒2周左右，用水泡发后和鲣鱼高汤搭配，略煮即可。味道不同的几种蘑菇加上甘甜的根菜，太鲜美了！

1.17/ 晴 /13℃

炸猪排和沙拉配萝卜调味汁、马铃薯细丝昆布味噌汤、米饭

这个时节的萝卜很清甜！特别是上半部分，最适合做萝卜泥。醋和味啉各50ml煮开，加入酱油2大匙、芝麻油和玉米油各1大匙以及盐少许，拌在萝卜泥中，就是味道最好的调味汁。和切成细丝的卷心菜非常搭配。

2.24/ 晴 /16℃

蔬菜盖饭、豆芽韭黄中式汤品

竹笋、萝卜、大葱、胡萝卜、卷心菜、小松菜、水芹菜、菜花、炸豆腐和原木香菇做浇头的豪华盖饭！只要这一碗就完成了由冬到春的变换！水芹菜根做天妇罗，胡萝卜做甜醋拌菜，采用不同的手法烹饪是我的独特做法。

4.13/ 晴转阴 /22℃

大块肉馅卤汁意大利面

蔬菜切得大小一致，熟得更均匀。肉不要炒得太碎。成块
的肉馅是这道菜品的亮点，

材料（4 人份）

番茄泥……4 杯
（可用 2 罐水煮罐头代替）
芹菜……½ 根
胡萝卜……½ 个
洋葱……大的 1 个
松伞蘑……1 盒
蒜……3 瓣
欧芹（切末）……3 大匙
牛肉馅……400g
猪肉馅……250g
橄榄油……2 大匙
月桂叶……1 片
水……2 杯

红酒……1 杯
盐、黑葡萄醋（根据个人喜好选择）
……少许
意大利面……320g

1. 准备工作

蔬菜全部切成 5mm 大小的颗粒。蒜
切末。

2. 制作酱汁

在平底锅中放入橄榄油和蒜加热，待出
香味后，将胡萝卜、洋葱、芹菜和松伞蘑放
入锅中翻炒。肉不要炒得太碎，这是关键。

肉熟后倒入厚锅，放入水、红酒和月桂叶炖
煮。加入番茄（如果使用番茄罐头的话用漏
勺过滤），撇去浮沫，煮到水干。用盐调味，
再滴入 1~2 滴黑葡萄醋。

3. 完成

把酱汁倒在煮好的意大利面上，撒上欧
芹末。按自己的口味加上红辣椒和奶酪。

2.28/ 晴 /10℃

竹笋盖饭

**山葵菜花水芹菜、醋味噌、细香葱
竹笋面筋细丝昆布清汤**

炖煮竹笋的时候盖上盖子会让竹笋更入味。
嫩煎至焦黄后调味。

材料（4 人份）

竹笋（煮）……小的 2 根
香菇……10 个
炸豆腐……2 片
生姜（切片）……3 片
米饭……4 碗量

调味汁用调料 a
┌ 鲣鱼高汤……2 杯
│ 酱油……4 大匙
│ 味啉……2 大匙
│ 酒、粗制糖……各 1 大匙
└ 盐……少许

嫩煎用调料
┌ 水……3 大匙
│ 酱油……2 大匙
└ 味啉……1 大匙
色拉油……适量

1. 准备工作

香菇切成较厚的片，炸豆腐去掉多余的
油，切成 1cm 厚的长条，竹笋下 ⅓ 段先切
片，再切成半圆形。

2. 炖煮

把调料 a 放入锅中，煮开后依次加入
1 的竹笋、炸豆腐和香菇，盖上盖子炖煮至
入味。

3. 嫩煎竹笋

竹笋的上 ⅔ 段竖着切成薄片。在平底
锅中放入油和生姜加热，待炒出香味后，加
入竹笋煎至两面焦黄。加水，待竹笋出香味
后，加入酱油、味啉，炖煮至软烂。

4. 完成

在米饭上面放上炸豆腐、香菇、竹笋
（下），摆上 3 的竹笋（上），按照个人口味
加上 2 的调味汁。

2.14/ 阴转雨 /10℃

蔬菜满满的日式鸡肉丸子汤
用春天刚上市的蔬菜（鸭儿芹和菜花）做的拌焯青菜。

制作日式鸡肉丸的材料调好后放在冰箱中腌 30 分钟。加入豆腐，软嫩的
口感弥漫在口腔中。

材料（4~6 人份）

蔬菜……a

┌ 胡萝卜…… 1 根小的
│ 萝卜…… ⅓ 个
└ 白菜（削薄切成一口大小）……4 片
韭黄（※）切成 3cm 长的段……2 把
※ 可用大葱葱白（2 根）代替
鲣鱼高汤……2L
鸡肉丸 b

┌ 鸡肉馅……500g
│ 木棉豆腐（控干水）……1 块
│ 香菇（切末）……6 个
└ 大葱（切末）……2 根

姜磨成泥……1 片
淀粉……2 大匙
鸡蛋……1 个
盐、胡椒粉……各适量
└ 芝麻油……少许
出锅前加的调料 c

┌ 酱油……2 大匙
│ 盐……1 小匙
│ 味啉……2 大匙
└ 酒……2 大匙

乌冬面（根据个人喜好）……适量

1. 制作汤品

    在鲣鱼高汤中加入 a 的蔬菜炖煮。

2. 制作鸡肉丸

    把 b 的材料放入碗里，用手充分揉匀。放入冰箱腌 30 分钟。

3. 完成

    把 1 的汤煮开，用调羹把 2 的鸡肉馅做成一口大小的块放入汤里。丸子熟后放入韭黄，用 c 的调料调味。要用盐调味，不要使用酱油。最后加入按照个人喜好煮好的乌冬面即可。

摄影这一天的早上，我迅速准备好员工的早餐。煮好的浇汁（高汤、酱油、味啉比例为 8：2：1，参照 P.46 蘑菇汤面）放入切成块的下仁田葱，再略煮一会儿。煮好的乌冬面放在碗里，放上撕碎的水芹菜，倒入浇汁。

冬季菜品

到了冬季，蔬菜店里非常寒冷。因为要想保持蔬菜新鲜就不能使用暖气。在冷得深入骨髓的深夜默默把工作做好后，吃饭就成了最大的乐趣。这种感觉不只我自己有，也是大家的心声。如何让身体暖和起来、缓解紧张，成了整个冬天做菜的主题。

成为主角的蔬菜就是继秋季根菜类之后上市的萝卜、白菜、卷心菜、西蓝花、菜花等十字花科蔬菜。它们的特点是天气越冷就越水嫩甘甜，加热后味道会更好。炖好的萝卜鲜美浓郁入口即化，白菜心也软烂清甜，让人陶醉。而且，让人意外的是不需要加热太长时间。这些蔬菜纤维较细，热传导很好，所以很容易炖熟，只要放进锅里加热就可以了。这个季节里，浓汤和炖菜经常会端上餐桌。

相应地，蔬菜的准备工作就不能马虎了。坐在椅子上优哉游哉地削掉萝卜皮、刮圆、切上印；卷心菜和白菜一层一层小心掰开，顺着叶脉方向切开；菜花在菜心上切上印，用手掰成小朵。切好后浇上热水去除异味。这个步骤可以让蔬菜的味道更好，让菜品更有卖相，也决定是否能让大家满意。其实这正是烹调的关键。

从秋季进入冬季后，大海也进入了捕捞旺季，给我们带来丰富的食材，青花鱼、鳕鱼、螃蟹、牡蛎……这些都绝对不能错过。这些食材可以和冬季蔬菜搭配起来做火锅、乌冬面和味噌汤。大受好评的"时令卷心菜牡蛎煮乌冬面"，使用各有特色的食材用味噌一起炖煮，非常美味，让大家很惊喜，这些都让我感受到做菜的幸福。

八宝菜制作起来很方便，用手头现有的蔬菜随时都可以做，但我觉得最好的季节还是冬季。

因为寒冷，冬季蔬菜更加甘甜。像八宝菜这样的菜品先炒再炖煮，味道更浓郁，口感更好，有分量。

可以使用任意的蔬菜搭配，但有一种蔬菜是不可或缺的，这就是白菜。蒜和姜是味道的基础，同样必不可少。加入等量姜蒜一起炒好，会让菜品的味道大不相同。

八宝菜和中式汤品

所有的时令蔬菜都可以！
教你各种八宝菜的制作要领

换上时令蔬菜，
充分享受冬季
的菜品

八宝菜

材料（4 人份）

白菜……5~6 片
胡萝卜……⅓ 个
大葱……1 根
竹笋……（煮）60g
干香菇……6 个
木耳（水发）……50g
虾……200g
鱿鱼……100g
帆立贝……2 个
猪肉……200g

猪肉调味
└ 盐、胡椒粉……各少许
鱼糕……适量
鹌鹑蛋（煮）……8 个
菜籽油……6 大匙
芝麻油……2 大匙

调料 a
┌ 酒……2 大匙
└ 盐……⅓ 小匙
蒜（切末）……1 大匙
姜（切末）……1 大匙

鸡汤……1½ 杯

调料 b
┌ 蚝油……50ml
│ 酱油……50ml
│ 酒……⅓ 小匙
│ 粗制糖……2 小匙
│ 盐……⅓ 小匙
└ 胡椒粉……两撮
水淀粉……2 大匙

1. 准备工作

白菜削薄切成大片，胡萝卜对半切开再斜着切成薄片。大葱斜着切成 5cm 的段。竹笋竖着切成 6~8 等份。干香菇水发后对半切开。木耳切成一口大小。虾去掉壳和肠线。鱿鱼表面打上格子花刀，切成一口大小。帆立贝对半切开。猪肉切成一口大小，调味。鱼糕切成薄片。

2. 炒蔬菜

在平底锅中放入 5 大匙菜籽油，依次放入胡萝卜、竹笋、干香菇、木耳、白菜（硬的部分）、大葱和白菜（软的部分）翻炒。所有食材炒熟后盛入方底平盘。

3. 炒肉和鱼、贝壳类

在 2 的平底锅中加入 1 大匙色拉油，加入猪肉、虾、

鱿鱼、帆立贝翻炒，用调料 a 调味，盛入方底平盘。

4. 将食材混合，调味

在平底锅中放入芝麻油，加入姜末和蒜末炒出香味，加入鸡汤和调料一同煮开。加入 2 的蔬菜，3 和鹌鹑蛋，快速翻炒，用水淀粉勾芡。

💡烹饪技巧

1. 为了让食材熟得均匀，要将蔬菜切成差不多大小。
2. 蔬菜、肉、鱼及贝类分别炒好再混在一起。
参考：春季可以用菜花、芦笋、土当归，夏季可以用茄子、黄瓜、木耳菜。

中式汤品

材料（1 人份）

叉烧卤汁（P.18）……1 大匙
盐……一撮
大葱（切丝）……适量
在杯子中放入卤汁、盐，倒入热水，撒上葱丝。

使用 4~5 种蔬菜，菜品的味道会更浓郁。

蔬菜要保持口感爽脆，鱼和贝类加热久了容易变硬，所以加热到 8 成熟即可。

把不同食材分别加热，最后混合，可以保持各自原本的风味。

不需要高汤，只用冬季蔬菜就可以做出醇厚、温暖的味道。

鸡肉冬季蔬菜浓汤

琥珀般的汤品，有着淡淡光泽，味道清爽。只要愿意花点时间，就可以做出这样的汤品。

在御厨，冬日里经常端上餐桌的就是浓汤了。我们是蔬菜店，所以近水楼台，不用担心没有蔬菜。拿出手边所有的冬季蔬菜与带骨头的鸡肉一起用小火慢慢炖煮。最关键的就是蔬菜的准备工作。只要认真做好削皮和切的工作，蔬菜一定会以美味回馈我们。

材料（4 人份）

带骨鸡肉……4 块	褐黑口蘑……1 个
盐、酒（鸡肉预处理用）……各适量	青梗菜……2 把
卷心菜……¼ 棵	水芹菜……⅓ 束
萝卜……4cm	蒜……3 瓣
胡萝卜……¼ 个	月桂叶……1 片
马铃薯……小的 2 个	水……800ml
莲藕……小的 ½ 节	盐、黑胡椒、芥末酱……各适量
洋葱……⅓ 个	白葡萄酒……1 大匙
松伞蘑（白、棕）……各 1 个	长面包……适量

1. 准备工作

鸡肉撒上盐和酒，放置一会儿。卷心菜连心竖着对半切开。萝卜去皮，切成 1cm 厚的半圆形，刮圆，切上印。胡萝卜和莲藕去皮，切成 1cm 厚的圆片，刮圆。马铃薯去皮，刮圆。洋葱带皮竖着切成大块。松伞蘑去掉硬的部分，对半切开。褐黑口蘑用手掰开。青梗菜在茎部切一下。水芹菜切成两段。

2. 炖煮

鸡肉放入平底锅，不放油煎，锅里同时放入水和蒜，加热，炖煮过程中撇去浮沫。加入两撮盐、白葡萄酒和月桂叶，待鸡肉炖出香味后，按照从大到小的顺序依次加入除青梗菜和水芹菜之外的蔬菜，盖上盖子继续炖煮。

随时撇去浮沫，当蔬菜炖煮至透明、散发香味后尝一下汤的味道，用盐调味。加入青梗菜和水芹菜，撒上黑胡椒，关火。

3. 装盘

盛入盘中，加上芥末酱。搭配长面包一起吃。

💡 **烹饪技巧**

1. 如蔬菜炖碎，汤汁就会浑浊。所以要认真做好蔬菜的去皮、刮圆等工作。

2. 为了保证食材受热均匀，根菜要切成一样的厚度。卷心菜和洋葱要带心炖煮，不要切开。

◎ **根菜类的处理方法**

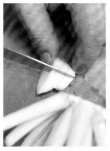   

萝卜茎有甜味，切好后和其他食材一起炖。	在一面划上一道深点的印。	内侧的纤维很硬，所以要均匀削去厚厚一层皮。	刮圆可以防止蔬菜炖碎，入口也更方便。

12月

鳕鱼白菜锅

鳕鱼焯烫，白菜削薄切片。做好准备工作会让菜品味道清爽

女员工说，看起来和她家做的一样，吃起来却完全不同！鳕鱼、白菜的处理工作认真做好了吗？差别就出在这里。

　　冬季，火锅经常会出现在餐桌上。但很多时候都是什锦锅[①]，而鳕鱼锅，食材只有清淡的蔬菜、蘑菇和鳕鱼，很快就可以做好，配酸橘醋吃，口味清爽。吃完后会觉得身体轻松畅快。

材料（4人份）

鳕鱼块……2块	酒……1大匙
白菜（正中间的叶子※）……3片	酸橘醋
海鲜菇……⅓盒	┌酸橘子榨的汁、酱油
大葱（葱白部分）……1根量	└味啉等量
昆布高汤……500ml	※正中间的叶子厚度正好，
酱油……1大匙	适合制作火锅。

1. 准备工作

　　鳕鱼块皮朝上放在漏勺上，浇上热水（焯烫）去除腥味。白菜竖着对半切开，切成5cm大小的块。海鲜菇用手分成小朵。大葱切成3cm长的段，再切大块。把制作酸橘醋的材料混在一起。

2. 制作火锅

　　在锅里放入高汤煮沸，依次加入海鲜菇、白菜，煮开，加入鳕鱼，用酱油和酒调味。沸腾后加入大葱，关火。吃的时候蘸酸橘醋。

💡 **烹饪技巧**

1. 白菜削薄切片容易煮熟。好的刀工会让菜品的味道和口感更好。
2. 鳕鱼一定要焯烫以去除腥味。

鳕鱼皮朝上，浇上热水。

菜帮部分用菜刀削薄切片。

会出汤汁的蘑菇放在下面，白菜放在上面。

① 日本人常吃的一种火锅，用鲣鱼、海带等食材炖出高汤，再用酱油、盐、料酒等调味。食材有鳕鱼、虾、扇贝、文蛤等鱼贝类、白菜、葱、茼蒿等蔬菜，香菇、金针菇等菌类和豆腐，也可放肉类。最后也会放入面条或米饭。——译者注

吃完马上元气满满！最棒的冬季能量盖饭

金枪鱼山药泥盖饭

莲藕甜醋

肚子好饿！年轻的员工回来了，"罚"饭一碗！狼吞虎咽地吃了一碗盖饭。好吃！看到他们的笑脸我也很开心。

让人恢复元气的冬季盖饭，就是使用日本山药制作的这一道了。

将应季的近海金枪鱼腌渍后和刚刨好的日本山药搭配做成盖饭，配上莲藕甜醋，吃到嘴里非常清爽，回味无穷！

金枪鱼山药盖饭

材料（2 人份）

日本山药……⅓ 根（200g）

金枪鱼（赤身①）……150g

调味用

酱油、酒……各 3 大匙

佐料汁

┌ 高汤（干香菇）、酱油、味啉
└ ……各 50ml

山葵、海苔……各适量

大麦饭（白米饭也可以）……2 海碗

1. 准备

金枪鱼切成 1cm 大小的块，调味，放入冰箱腌 1 小时，使其入味。放入佐料汁。

2. 搅拌

日本山药去皮，用刨泥器刨成泥。倒入佐料汁搅拌，再拌入 1 的金枪鱼。

3. 装盘

在海碗中盛入大麦饭，加上 2，放上山葵和切得细细的海苔。

莲藕甜醋

材料（2 人份）

莲藕……½ 节

小葱……1 根

甜醋

┌ 高汤……50ml
│ 醋……50ml
│ 味啉……50ml
│ 盐……一撮
└ 粗制糖……1 大匙

1. 制作甜醋

用小锅煮开高汤和味啉，加入粗制糖和盐。糖和盐溶解后，加入醋关火冷却。

2. 腌渍莲藕

莲藕去皮，切成圆形薄片，加入盐（分量外），使其变软。洗掉盐分轻轻挤压后放入甜醋中腌渍。

※ 装盘前把横切成小段的小葱拌入 2 中。

---

① 赤身通常指金枪鱼的肌肉部分，因为颜色鲜红而被称为赤身。油脂含量相对较少。——译者注

不需要高汤，满满的冬季蔬菜放在一起炒，原汁原味！

味噌拉面

汤好鲜！为什么这么鲜呢？用时令蔬菜充分炖煮的汤是最鲜美的！

御厨的每一个人都喜欢拉面，所以我经常做。

冬天当然要吃滋味厚重浓郁的味噌拉面了。

正当季的冬季蔬菜在严寒中生长，所以味道更甜，只要炒一下就会有鲜美的味道。

以炒蔬菜的汤汁为底汤，用自己制作的私房味噌调味，非常鲜美，无可挑剔。

绝对不逊色于外面卖的面，味道无敌。

材料（2人份）

面……2把	韭菜……4棵
卷心菜……⅛棵	木耳（水发）……2个
豆芽……½袋	蒜切片……1瓣量
青梗菜……1棵	水……4杯
胡萝卜……3cm	菜籽油……1大匙
洋葱……⅙个	盐……两撮
大葱（葱白部分）……½根	炒味噌……6～7大匙

蔬菜炒后炖煮的汤做面的高汤。

1. 准备工作

卷心菜切块。青梗菜的茎和叶子分开。胡萝卜和大葱斜切。洋葱竖着切薄片。木耳切滚刀块。韭菜切成3cm的段。

2. 炒蔬菜，制作汤汁

在平底锅中放入油和蒜，加热，再依次放入胡萝卜、卷心菜、洋葱、豆芽和木耳翻炒，撒上盐。待卷心菜变得透明后放入韭菜、青梗菜茎、叶子和大葱快速翻炒，加水炖煮一会儿。

3. 完成

用水煮面。在海碗中放入3～3½大匙炒味噌，加入2的汤汁溶解味噌，倒入面条，加入蔬菜。

💡 烹饪技巧

卷心菜可以起到调料的作用。即使不用高汤，5种以上的蔬菜放在一起炒味道也会很鲜美浓郁。

①决定味道的关键是a！

②用小火炖，慢慢搅拌。

③溶在一起就可以了。

④放入冰箱中可以保存1个月。

私房味噌，做好保存用起来很方便

炒味噌

材料（1杯量）

a	姜（切末）……1½大匙
	蒜（切末）……1½大匙
b	味噌……1杯
	酒、味淋……各2大匙
c	豆瓣酱……⅓小匙
	蚝油……1大匙
芝麻油……3大匙	

在平底锅中加入芝麻油和a，加热，先关火。加入b加热，用锅铲搅拌至黏稠滑润。待闻到香味后，加入c搅拌，关火。可以多做一些放入冰箱冷藏，在炒蔬菜或者炒饭的时候使用非常方便。

大家呼哧呼哧地吃着热粥，表情好像脱力一样彻底放松下来。这全是粥的功劳！

干萝卜丝非常鲜美、十分滋补

萝卜养生粥

在忙碌的岁末年初，有养生功用的粥经常端上餐桌。

我做这种粥的时候使用的是自己晒制的干萝卜丝。干萝卜温和的甜味渗入粥里，非常浓郁，让胃轻松舒服。

材料（1 杯量）

干萝卜丝……2g

萝卜叶……2～3 片

小沙丁鱼……30g

芝麻油……1 大匙

米……150g

水……适量

盐……一撮

酱菜

□粕渍黄瓜、梅干各适量

1. 准备工作

干萝卜用足量温水泡发，挤干切成小块。萝卜叶和根部切开，放在阳光下晒 1 小时以上，用水泡发，切碎。

2. 煮

在厚锅中放入米，加入正好没过米的水，用小火煮。水量减少时可以酌量再加。煮至米没有硬芯时，加入干萝卜继续煮一会儿，5 分钟后关火，用盐调味。

※ 软硬程度可根据个人口味调整。

3. 制作配菜

在平底锅中放入芝麻油加热，将萝卜叶快速炒一下，加入沙丁鱼翻炒均匀，关火。

4. 装盘

在碗中盛入粥，把 3 作为配菜。和酱菜一起食用。

加入足量的水浸泡 30 分钟左右，会变得柔软，颜色更鲜艳。

煮至米没有硬芯时，加入干萝卜。

🔥 烹饪技巧

1. 萝卜缨晒干后使用会有甜味。

2. 用晒干的萝卜炖煮不会碎。炖的过程中会产生甜味，渗入粥中。

蟹、大葱、萝卜——
冬季黄金三剑客绝品汤

时令卷心菜

螃蟹铁炮汤和暴腌

"为什么叫铁炮汤呢？""因为蟹腿像铁炮一样啊！"这样的话题让人非常开心。

螃蟹铁炮汤

1月正是吃螃蟹的季节。我出生在北海道，所以经常会吃螃蟹铁炮汤。螃蟹炖出的高汤非常鲜美，加上应季的下仁田葱[①]和萝卜的甘甜，就成了别具一格的味噌汤。如果希望更完美的话，就放上大量早早采摘的水芹菜，非常清新爽口。

材料（4~5人份）

a	螃蟹……1个	高汤……600ml
	萝卜……⅓个	水……400ml
	下仁田葱（可用大葱替代）……3棵	酒……1大匙
	水芹菜……1把	味噌……4~5大匙

1. 准备工作

萝卜去皮，切成较厚的片再呈十字形切开，浇上热水去除异味。葱切成5cm的段再竖着切开。螃蟹洗干净，带壳切成方便食用的大小。水芹菜切掉根部，用手撕成方便食用的大小。

2. 炖煮

在锅中加入高汤、水和萝卜炖煮。炖至萝卜软烂后加入味噌溶解，加入螃蟹和葱一起煮开。尝一下味道，如果浓的话加水调整。加入酒即完成。

3. 装盘

盛到汤碗里，放上水芹菜。

为了使所有食材腌透，需要不时搅拌翻动。

暴腌时令卷心菜

材料（2人份）

卷心菜……¼棵
胡萝卜……½根
盐……适量
腌汁
┌ 昆布高汤……200ml
│ 制作高汤用的昆布（切碎）……少许
│ 酱油……1½大匙
│ 味啉……⅔大匙
└ 盐……一撮

1. 准备工作

卷心菜、胡萝卜切成一口能吃下的大小，放在方底平盘中，多撒一些盐，揉一下，放置一会儿。把渗出的水分倒掉。

2. 制作腌汁

把制作腌汁的调料放在锅里煮开，冷却。

3. 腌渍

在1中倒入腌渍汁，放置一会儿。

---

① 日本群马县特产，特点是葱白部分非常甜，而且越是短粗，葱白越是香甜。12月和1月是吃下仁田葱的最佳时节，日本人喜欢在吃火锅时多放。——译者注

西蓝花意大利面

西蓝花花蕾煮碎，让人大开眼界的意大利面酱汁！

吃了一口，大家说话了，"真是货真价实的西蓝花！"和培根很搭吧？

正当季的西蓝花，非常鲜美浓郁。

简单炖煮一下，口感嘎吱嘎吱，非常美味，我推荐搅拌煮碎的做法。

这道意大利面酱汁是将西蓝花直接生炒再煮碎，加上培根就完成了。

有着特别的风味，花蕾一粒一粒的，口感也很好。

让人感觉耳目一新。

材料（2 人份）

西蓝花（只要花蕾部分）……½ 个	意大利欧芹……适量
洋葱……¼ 个	橄榄油……2 大匙
熏肉或培根……70g	盐（煮面用）……一撮
蒜（切末）……1 大匙	盐（调味用）……适量
笔管面……120g	胡椒粉……适量
奶酪（帕尔玛干酪）……适量	水……适量

1. 准备工作

西蓝花去掉茎，把花蕾分成小朵。洋葱竖着切成薄片，熏肉切成薄片。奶酪刨好。

2. 制作酱汁

在平底锅中放入橄榄油和蒜，加热，出香味后加入洋葱和西蓝花翻炒。所有食材沾上油后加入正好没过食材的水炖煮，煮至西蓝花软烂，用锅铲压碎。加入熏肉，继续炖煮 3～4 分钟。加入奶酪，尝一下味道，用盐和胡椒粉调味。

3. 煮笔管面，拌好

在进行步骤 2 的同时煮面，煮好后加入 2 中。

4. 完成

把欧芹切碎加入，根据个人口味加入适量橄榄油（分量外）。根据个人口味加入刨好的奶酪。

💡 **烹饪技巧**

1. 西蓝花分成小朵更容易熟。

2. 西蓝花不要煮，而是直接生炒再炖。应季的西蓝花没有浮沫，味道更好。

在接近花蕾的位置切上印，用手分开。

煮至用锅铲可以弄碎的程度。

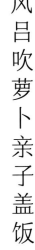

放上风吕吹萝卜
朴素的家庭盖饭

风吕吹萝卜亲子盖饭 ①

不行不行！那么吃不对。萝卜要用筷子弄碎混在饭里，然后大口大口吃！

　　这是萝卜最美味的时期，甘甜软嫩，做成风吕吹萝卜，非常好搭配。这道盖饭的食材看着不起眼，其实炖萝卜的汤是很好的高汤，朴素而温暖，让人吃上瘾。

材料（2 人份）

萝卜……2cm	
米……1 小匙	调料
水……适量	┌高汤……100ml
菠菜……½ 把	│炖萝卜的汤……100ml
鸡柳……1 片	│酱油……50ml
鸡蛋……2 个	└味啉……50ml
	米饭……2 海碗

1. 准备工作

　　菠菜焯水后泡水，挤干水分，切成 5cm 长的段。鸡柳竖着对半切开，切成 3cm 长的段。萝卜去掉厚厚一层皮，切成 1cm 厚的圆片，刮圆，在一面的中间部分切上印。鸡蛋打散。

保持汤表面微微晃动、似开非开的状态小火炖煮。

2. 制作风吕吹萝卜

　　在锅中放入萝卜、米和适量的水，萝卜用小火炖至软烂，用签子可以扎透即可。汤保留。

※ 把整块萝卜做成风吕吹萝卜，连汤一起冷藏保存。可以保存 3 天左右。

3. 完成

　　用锅将调料煮开，加入风吕吹萝卜和鸡柳炖煮。当鸡柳变色后加入菠菜，倒入打散的鸡蛋，蛋液开始凝固时关火。

4. 盛盘

　　在海碗里盛入米饭，放上 3。

💡 烹饪技巧

1. 菠菜含有草酸，需要焯后过水。
2. 炖萝卜时不要让汤沸腾，保持似开非开的状态小火慢炖，这样味道更清甜。炖出的汤味道很鲜美，可以用来调味。
3. 加入鸡蛋后不要搅拌，半熟状态时关火。

---

① 又称滑蛋鸡肉饭，将鸡肉、鸡蛋和洋葱等盖在饭上，再以碗盛装的盖饭。——译者注

卷心菜软烂，牡蛎鲜嫩！

赤味噌时令卷心菜牡蛎乌冬面

牡蛎配卷心菜？年轻人好像难以接受。上桌后却很快就一扫而光。

迎来一年中最寒冷的大寒时节，大地上的卷心菜和海里的牡蛎都到了最鲜美的时候，有着各自的特点，做成赤味噌乌冬面会让人吃上瘾。制作这道面的窍门是卷心菜炖至软烂，牡蛎快速烫一下保持软嫩。

材料（2 人份）

乌冬面……2 块

卷心菜……3 片

牡蛎（生食用）……10 颗（100g）

大葱（葱叶）……5cm

柚子皮……少许

鲣鱼高汤……600ml

赤味噌……3 大匙

调料

味淋……⅔ 大匙

酒……⅔ 大匙

粗制糖……一撮

盐……一撮

1. 准备工作

卷心菜用手掰成 5~6cm 左右的块。牡蛎用水洗一下。柚子皮切成细丝。大葱切成斜段，泡一下水。

2. 制作汤汁

鲣鱼高汤倒入锅里煮开，加入卷心菜炖煮至软烂。

在海碗中加入味噌和调料搅拌均匀，加入适量煮开的高汤拌开，倒入锅中溶解。

3. 完成

在乌冬面中加入 2，搅散，加入牡蛎略煮一下。加入切成细丝的柚子皮，煮开后关火。盛在碗里，加入葱。

卷心菜掰开使纤维断开。

充分炖煮至透明、软烂。

💡 烹饪技巧

1. 卷心菜用手掰开，让纤维断开，更容易入味而且口感更好。

2. 冬季的卷心菜炖煮至软烂，滋味鲜美不逊色于牡蛎。

3. 牡蛎煮得太久会变硬，注意要带生。

私房腌萝卜

◎冷藏可保存一周

冬季的萝卜更甜，制作腌菜非常理想。腌菜很容易保存，味道醇厚。使用姜、蒜和洋葱代替虾酱是我独特的做法。

材料（2 人份）

萝卜……½ 个

盐……（腌渍用）3 大匙（萝卜量的 10%）

腌菜的调料

┌洋葱……½ 个

│姜、蒜（泥）……各 20g

│豆瓣酱……1 大匙

│辣椒面……½ 大匙

│酒……100ml

│赤味噌……50g

└味淋、芝麻油……各 2 大匙

1. 萝卜竖着对半切开，放入容器，撒上盐，盖上盖子压上重物（萝卜重量的 2 倍）放置 2 天。取出用水洗一下，切成一口大小的滚刀块。

2. 在平底锅中加入芝麻油、豆瓣酱、辣椒面和切成小块的洋葱翻炒，加入酒、赤味噌、味淋和姜蒜一起翻炒。加入 3 大匙水（分量外）一起炖煮。

3. 把萝卜放在碗里，把 2 趁热倒上，放置半天。

关键

加入洋葱可以让味道更好。

自己制作的腌菜料，也可以用来腌白菜。

盐辛 ① 枪乌贼

◎冷藏可保存 2 周

枪乌贼很适合做成盐辛。初冬在北部的海里捕到的枪乌贼非常弹牙，而且有着特别的鲜味。如果错过了这个时期就不能制作盐辛了。品尝这道菜品是冬季一大乐事。

材料（2 人份）

枪乌贼……2 碗

盐……适量

姜……1 片

调料

┌酱油……½ 大匙

│味淋……2 大匙

└酒……3 大匙

1. 枪乌贼用流水冲洗并剖开，取出肝，用漏勺捞出。身子撕掉皮，竖着对半切开，再切成宽 1cm 的条，切块。在碗中放入鱼身，抹上足够的盐，去除黏液冲洗干净。生姜磨成泥。

2. 调料煮开冷却。在碗中加入肝，放入调料、姜泥搅拌均匀。加入枪乌贼。

3. 在容器中放入 2，放置 2～3 天使其发酵。

关键

要使用新鲜的枪乌贼。处理的时候要小心，不要带入墨囊。

---

① 鱼贝虾蟹等海鲜不加热直接用盐腌渍，只依靠素材自身的酵素以及微生物进行发酵的一种发酵食品。盐辛多单独作为配菜出现，也经常充当调料。——译者注

即使采取同样的方法调味，做好的菜品味道也可能大相径庭。这种情况经常是因为没有充分去除蔬菜的浮沫和异味。想要去除浮沫，泡水是一般的方法，另外也可以采用焯烫的方法，同样简单有效。这种方法原本是对鱼、贝和肉类进行预处理的方法，浇上热水烫一下，就可以去掉表面的黏液和脂肪。蔬菜和鱼、贝类一样，浇上热水可以去除表面的异味。特别是秋冬季节的根菜类，加上这个步骤可以让蔬菜的味道大不一样。炖煮前把切好的蔬菜放在漏勺上，用沸水快速浇一下，脏东西自不必说，还可以去除土腥味、浮沫和异味，之后炖煮时也会熟得更快。

左：要将切成大块的根菜去除浮沫，比起泡在水里，焯烫的速度更快。去皮切好的蔬菜放在笊篱内，所有食材浇上热水，不用泡水，直接进行烹调。
上：使用几种蔬菜的时候放在一起处理。

左：用浮沫多的牛蒡做炖菜的时候，放在漏勺里在热水中滚数秒。
右：有黏液的芋头可以在沸腾的水中焯烫1分钟。

9 月的福神渍

材料

已过旺季的蔬菜

茄子、黄瓜……各 1 根

刚上市的蔬菜

胡萝卜……⅓ 根

莲藕……½ 节

萝卜……⅓ 个

干香菇（水发）……2 个

盐……适量

腌汁

酱油……200ml

酒……50ml

粗制糖……120g

醋……120ml

姜（片）……2 片

泡发菇的水……50ml

1. 准备工作

干香菇切薄片。刚上市的蔬菜去皮。蔬菜全部切成厚度为 2mm 的十字切（先切片再切十字形），撒上盐放一会儿。待水分渗出后，放进滤器用流水冲洗掉盐分，轻轻挤干。

2. 腌渍

把制作腌汁的材料放入锅中煮开，放凉。蔬菜放到方底平盘上，浇上腌汁后放入冰箱冷却。放置 1 天以上，食材颜色会变深。把腌汁倒掉，放入容器保存。

◎ 制作时令福神渍的一个关键建议

· 夏天：增加香味，加入花穗紫苏和阳荷。

· 秋季到冬季：加入小松菜、芜菁和干萝卜。

跟随时节的更迭，享受四季

即使只有这一道菜，也会很下饭。

这道菜就是自己制作的福神渍。可以用剩下的菜来做，而我会使用时令蔬菜，根据季节对味道进行微妙的调整。使用超过 5 种已过旺季的蔬菜和刚上市的蔬菜一起来做的话，味道更有层次、更浓郁。想让蔬菜不出浮沫、没有多余水分并且更容易入味的话，刀工和撒上盐去除水分的准备工作要认真做好。

时令蔬菜福神渍①

◎ 制作顺序

①斜着切菜不容易出浮沫。切得大小一致也很重要。

②在蔬菜上撒上足量的盐，充分拌匀。

③经过 1 小时左右水分会渗出，用流水冲掉盐分。

④轻轻挤干，浇上正好没过食材的腌汁。

⑤把食材从腌汁中取出，放入容器中冷藏保存。大约可以保存 1~2 周。

---

① 类似什锦八宝菜，是在东京台东区谷中弁天样附近经营下酒菜的店主从江户后期直到明治时期反复研究的结果。据说材料使用了萝卜、茄子、劈刀豆、莲藕、丝瓜、紫苏、芜菁七种蔬菜，于是用关谷中七福神给它命名。现在的福神渍已经发生了改良和变化，使用新鲜蔬菜制作，原材料有茄子、生姜、昆布、酱油、大豆、小麦、糖、谷物和酿造醋等。在日本常用来搭配便当。——译者注

任何时候用任何食材
都可以做！

那不勒斯意大利面

都说洋葱、青椒、火腿，是那不勒斯意大利面的王道，可只要放弃这样的执念，你就会发现没有比那不勒斯意大利面更随意的料理了。

用手边现有的食材即可。虽然番茄酱的味道一样，但是四季的蔬菜让我们可以享受到口味丰富多变的那不勒斯意大利面。

冬季用萝卜做！

从秋季到冬季的那不勒斯意大利面

材料（2 人份）

洋葱……½ 个
萝卜……5cm
棕色口蘑……6 个
青梗菜……2～3 棵
火腿、培根……各 50g
胡萝卜、蒜、欧芹（切末）……各 2 大匙
意大利面（1.8mm）……240g
橄榄油……2 大匙

调料

┌ 番茄酱……½ 杯
│ 红辣椒做的调味品……2～3 滴
└ 酱油……½ 小匙
盐、花椒……各少许
芝士粉……适量

1. 准备工作

洋葱竖着切薄片。萝卜去皮，切成 5mm 的块。口蘑竖着切成薄片。青梗菜保留中间部分，把叶和茎叶分开。火腿和培根切薄片。开始煮意大利面。

2. 炒

在平底锅中放入橄榄油和蒜，加热，炒出香味后把胡萝卜加入翻炒。再加入除青梗菜之外的蔬菜翻炒。加入火腿和培根，倒入适量的水，炒后再炖。加入青梗菜炒匀，加入意大利面和调料。用盐和胡椒调味。

3. 装盘

盛在盘里，撒上芝士粉。

◎应季那不勒斯意大利面的制作方法

1. 现有的食材即可，使用时令蔬菜。
2. 蒜和胡萝卜炒一下，味道会更浓。
3. 想要味道好，火腿和培根是必需的。
4. 番茄酱要少放，味道更清爽。

冬季那不勒斯意大利面食材。萝卜很甘甜。

切碎的香味蔬菜让味道更浓郁。

蔬菜和火腿等炒完再炖，可以让味道鲜美。

图书在版编目（CIP）数据

蔬菜教室：今天的菜品也是最棒的 / （日）内田悟著；蔡晓智
译 . — 广州：广东旅游出版社，2020.9
　　ISBN 978-7-5570-2240-2

　　Ⅰ . ①蔬… Ⅱ . ①内… ②蔡… Ⅲ . ①蔬菜－菜谱
Ⅳ . ① TS972.123

　　中国版本图书馆 CIP 数据核字 (2020) 第 088021 号

UCHIDA SATORU NO YASAI JUKU HONJITSU NO MAKANAI MO SAIKO NARI!
©Satoru Uchida 2014
Fist published in Japan in 2014 by KADOKAWA CORPORATION, Tokyo.
Simplified Chinese Translation rights arranged with KADOKAWA CORPORATION, Tokyo
Through BARDON-CHINESE MEDIA AGENCY.

本书中文简体版由银杏树下（北京）图书有限责任公司版权引进。
版权登记号：19-2020-052

出 版 人：刘志松	选题策划：**后浪出版公司**
责任编辑：方银萍　蔡　筠	出版统筹：吴兴元
装帧设计：柒拾叁号	编辑统筹：王　颀
责任校对：李瑞苑	特约编辑：余椹婷
责任技编：冼志良	营销推广：ONEBOOK

蔬菜教室：今天的菜品也是最棒的
SHUCAI JIAOSHI: JINTIAN DE CAIPIN YESHI ZUIBANGDE

广东旅游出版社出版发行
（广州市越秀区环市东路338号银政大厦西楼12楼 ）
邮编：510060
印刷：北京盛通印刷股份有限公司　　　　　　　　开本：787毫米×1092毫米　　　16开
字数：70千字　　　　　　　　　　　　　　　　印张：6
版次：2020年9月第1版第1次印刷　　　　　　　定价：52.00元